ISBN 978-3-662-37403-0   ISBN 978-3-662-38153-3 (eBook)
DOI 10.1007/978-3-662-38153-3

Inhaltsverzeichnis

	Seite
1. Allgemeines	171
2. Beschreibung der Hafenprojekte	171
2.1 Lage der Hafenprojekte	171
2.2 Bau eines Wellenbrechers und eines Rückhaltedammes im Hafen Abu Dhabi am Arabischen Golf	173
2.3 Erweiterungen des Nordhafens von Port Kelang, Malaysia	174
2.4 Hafen Owendo–Gabun	177
2.5 Hafenerweiterung und Neuer Hafen Skikda, Algerien	180
2.6 Hafenerweiterung Qaboos in Muscat, Oman	184
2.7 Teilprojekt Kaimauern und Wellenbrecher des Hafens Richards Bay, Südafrikanische Republik	186
2.8 Pellets-Verladeanlage Punta Colorada, Argentinien	189
2.9 Erste Hafenerweiterung Lomé, Togo	190
2.10 Ölumschlaganlage Derna, Arabische Republik Libyen	194
2.11 Hafen Arzew el Jedid, Algerien	196
2.12 Hafen Cigading, West-Java	198
2.13 Erweiterung des Bandar Imam Khomeini, Iran um 14 Liegeplätze	199
2.14 Erweiterung des Hafens Corinto, Nicaragua	201
2.15 Hafen Apapa, 3. Ausbauphase, Lagos, Nigeria	203
2.16 Hafenneubau Tin Can Island, Lagos, Nigeria	205
2.17 Neue Hafenanlage Dammam, Saudi Arabien	208
2.18 Erweiterung des Hafens „Mina Raysut", Salalah, Sultanat Oman	211
2.19 Hafenneubau Warri, Nigeria	213
2.20 Neubau eines Reparaturhafens für die thailändische Marine in Bangkok	216
2.21 Seeschiffanleger für eine Düngemittelfabrik in Aqaba, Jordanien	218
2.22 Erweiterung des Hafens Limon, Costa Rica	220
2.23 Naval Base Lagos, Nigeria	224
3. Schlußbemerkungen	226

Hafenbauten der Bauindustrie der Bundesrepublik Deutschland im Ausland in den letzten 10 Jahren*

o. Prof. em. Dr.-Ing. Erich Lackner, Bremen

1 Allgemeines

Auf der 32. Hauptversammlung der Hafenbautechnischen Gesellschaft e.V. in Bremen im Mai 1968 hielt der Verfasser einen Vortrag über ausländische Hafenbauten der Bauindustrie der Bundesrepublik Deutschland seit dem Zweiten Weltkrieg. Dieser Vortrag ist im HTG-Jahrbuch 30/31, Band 1966/68 und in gekürzter Fassung im Sonderheft der Zeitschrift „Hansa", Heft 15, 1968, veröffentlicht worden.

Unter „Allgemeines" sind dort die besonderen Verhältnisse und Schwierigkeiten der deutschen Bauindustrie nach dem Zweiten Weltkrieg mit dem Anlaufen wirtschaftlich sinnvoller Hafenbauarbeiten nach der Währungsreform 1948 im Inland und für die deutsche Bauindustrie etwa fünf Jahre später auch im Ausland beschrieben. Nach Anfangsschwierigkeiten war im besagten Berichtszeitraum die deutsche Bauindustrie auch im Ausland bereits sehr erfolgreich, wofür die im damaligen Bericht behandelten 21 Projekte einen überzeugenden Beweis lieferten.

Wenn nun zur Wiedergabe des Vortrags auf der 40. Hauptversammlung der Hafenbautechnischen Gesellschaft in Lübeck im folgenden die Hafenbauten der bundesdeutschen Bauindustrie im Ausland in den letzten 10 Jahren kurz behandelt werden, ist dies praktisch als Fortsetzung des Bremer Vortrags aufzufassen. Auch hier mußte bei der Vielzahl der ausgeführten Arbeiten der Bericht auf Projekte beschränkt werden, die von den deutschen Baufirmen allein oder unter ihrer finanziellen oder technischen Federführung errichtet worden sind.

Die Projekte wurden im allgemeinen wieder in der Reihenfolge ihres Baubeginns behandelt. Davon wurde nur abgewichen, wenn es zur Platzersparnis sinnvoll war. Ausdrücklich sei darauf hingewiesen, daß der bei den Projekten jeweils genannte Projektwert nicht auf den heutigen Preisstand bezogen ist, sondern den Projektwert zum Zeitpunkt der Ausführung des jeweiligen Projekts darstellt.

Die Abbildungen und Aussagen für die im folgenden behandelten 23 Projekte wurden größtenteils von jenen Unterlagen erarbeitet oder übernommen, die von der jeweils federführenden deutschen Baufirma zur Verfügung gestellt worden sind. Für diese große Unterstützung sei auch an dieser Stelle herzlichst gedankt.

2 Beschreibung der Hafenprojekte

2.1 Lage der Hafenprojekte

Abb. 1 bringt eine Lageübersicht über die in den letzten 10 Jahren von der bundesdeutschen Bauindustrie ausgeführten ausländischen Hafenbauprojekte. Sie verteilen sich über vier Kontinente, wobei auch die Auswirkungen der Rohstoff-, insbesondere der Rohölgewinnung und -verschiffung und der daraus resultierenden Einnahmen deutlich sichtbar werden.

---

* Nach einem bei der 40. Hauptversammlung der Hafenbautechnischen Gesellschaft am 19.9.1980 in Lübeck gehaltenen Vortrag

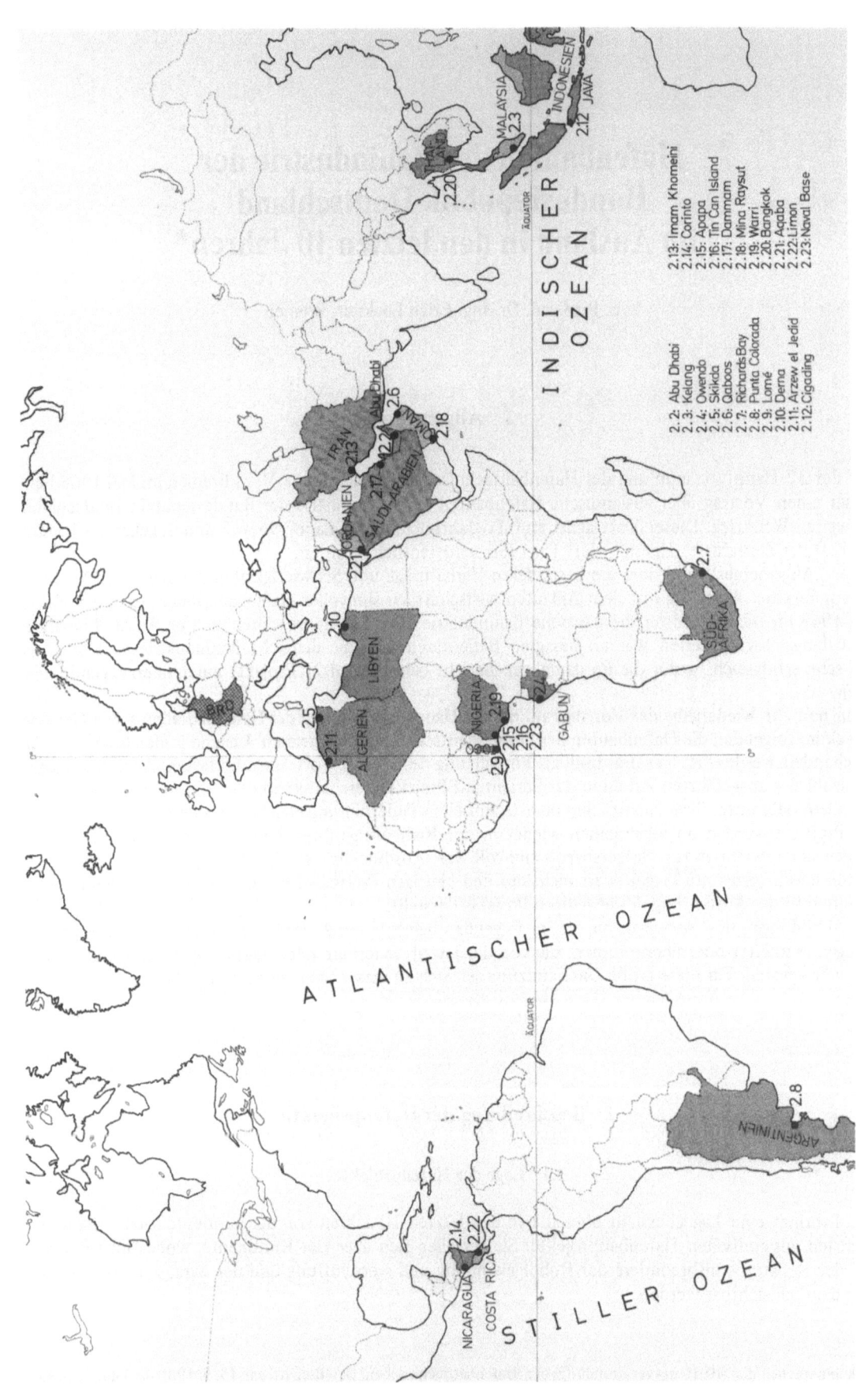

Abb. 1. Lageplan der Hafenprojekte

2.2 Bau eines Wellenbrechers und eines Rückhaltedammes im Hafen Abu Dhabi am Arabischen Golf
(Abb. 2)

Bauherr: Regierung von Abu Dhabi Arabischer Golf

Beratende Ingenieure und Bauüberwachung: Ing. Büro Sir Alexander Gibb + Partners, London

Bauausführende Firmen: Held und Francke Bauaktiengesellschaft, München

Bauzeit: 1969 bis 1971

Projektwert: 92,5 Mio DM

Abb. 2. Lageskizze

Die Gesamtlänge des Wellenbrechers (Abb. 3 bis 5) beträgt 3150 m, die des Rückhaltedamms 1580 m. Das Bauvolumen ist vor allem gekennzeichnet durch:

Eingebaute Kalksteinmenge	1 050 000 t
Tetrapoden mit einem Stückgewicht bis zu 7,7 t	77 000 t
Betondammkrone aus 20 t Fertigteilen	20 000 m³
Bedarf an Sulfatzement	20 000 t
Gesamtgewicht der eingesetzten Baugeräte	1 600 t
Seetransportweg von der Stein-, Kies- und Süßwassergewinnungsanlage bis zur Einbaustelle	250 km

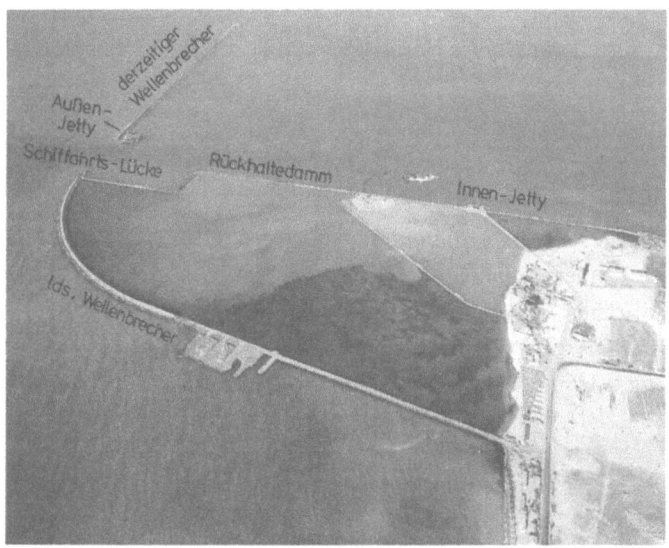

Abb. 3. Luftaufnahme des Hafens Abu Dhabi

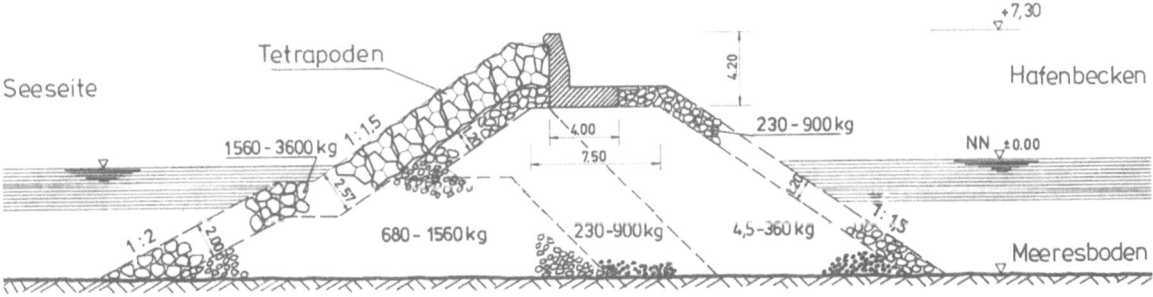

Abb. 4. Querschnitt des Wellenbrechers

Abb. 5. Kopf des Wellenbrechers vor Verguß der Fugen der Kronenmauer

Die Baudurchführungsplanung mit Geräte- und Werkstätteneinsatz, Organisation usw. wurde maßgebend beeinflußt von dem Umstand, daß sowohl im engeren als auch im weiteren Bereich des Hafens Abu Dhabi weder geeigneter Fels und Kies zur Verfügung standen noch Süßwasser in ausreichender Menge.

Diese Materialien konnten in einwandfreier Qualität und ausreichender Menge unter für die Hafenbauten wirtschaftlichen Bedingungen nur im 250 km entfernten Khor Khwair im Scheichtum Ras al Khaimah gewonnen und auf dem Seeweg zur Einbaustelle gebracht werden. Hierzu mußten in Khor Khwair aber die Umschlaganlagen erst ausgebaut werden.

Diese Baudurchführung erforderte eine Oberbauleitung an der Hafenbaustelle Abu Dhabi und eine sekundäre Bauleitung in Khar Khwair. Die ständige Nachrichtenverbindung zwischen den Bauleitungen und auch mit den Transportschiffen wurde durch Funk gewährleistet.

Alle Bauleistungen mußten unter besonders schwierigen klimatischen Bedingungen erbracht werden. Trotzdem wurde eine Bauzeiteinsparung von 6 Monaten erreicht.

2.3 Erweiterungen des Nordhafens von Port Kelang, Malaysia (Abb. 6)

Bauherr: Kelang Port Authority
Beratende Ingenieure: Coode & Partners, London
Bauüberwachung: Coode & Partners, London
Bauausführende Firma: Ed. Züblin AG, Bauunternehmung Stuttgart
Bauzeit: 1. Erweiterung 1969 bis 1973; 2. Erweiterung 1974 bis 1977
Projektwert: 1. Erweiterung = 33 Mio DM; 2. Erweiterung = 70 Mio DM

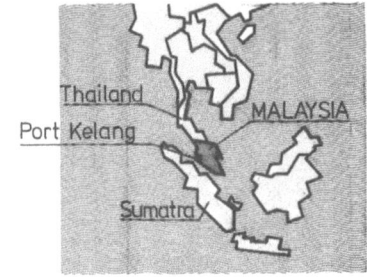

Abb. 6. Lageskizze

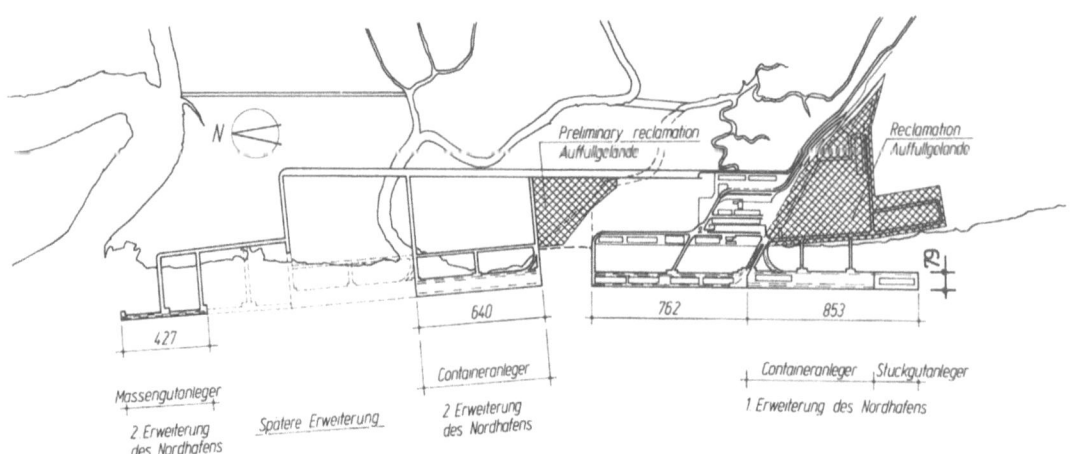

Abb. 7. Lageplan Port Kelang Nordhafen

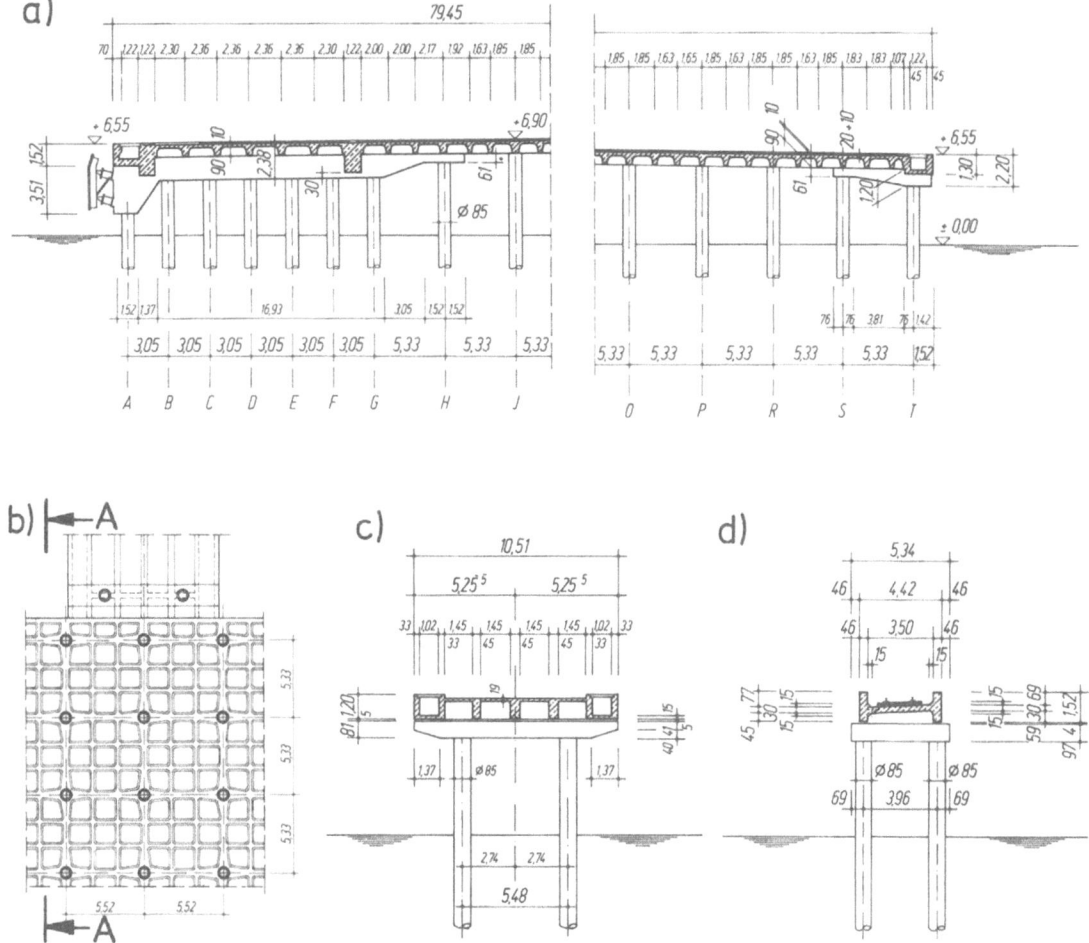

Abb. 8. 1. Nordhafenerweiterung; Konstruktionsangaben zum Containeranleger
a) Schnitt A-A, b) Grundriß und Pfahlanordnung, c) Querschnitt des Straßenanschlusses, d) Querschnitt des Eisenbahnanschlusses

Die 1. Erweiterung (Abb. 7 bis 10) umfaßt einen 853 m langen und 79 m breiten Containerpier. Er ist durch 3 gerade Straßenbrücken und eine gekrümmte Eisenbahnbrücke mit dem Festland verbunden. Der Pier und die Anschlußbrücke sind, wie auch die Bauwerke der 2. Erweiterung, auf bis zu 42 m langen vorgespannten Schleuderbetonpfählen mit 85 cm Außendurchmesser gegründet, die 2 Wochen nach ihrer Herstellung gerammt werden konnten (Abb. 8 bis 10). Die Kaiplatte ist eine 90 cm dicke Stahlbetonkassettendecke im allgemeinen aus Ortbeton.

Vor Beginn der eigentlichen Bauarbeiten wurde mit ca. 1 Mio m³ Sand ein etwa 26 Hektar großes Gelände aufgespült.

Die Anlage hatte folgendes Konstruktions-Bauvolumen:

Kaiplatte (Grundfläche 68 000 m²)

Spannbetonhohlpfähle ⌀ 85 cm, 30 bis 42 m lang	2 770 Stck
Stahlbeton B 25	45 000 m³
Betonstahl III	3 760 t
Aufbeton B 25	6 300 m³
Stahlkonstruktionen der 56 Fender	1 000 t
Holzbelag	350 m³

Zufahrtsbrücken (Grundfläche 4500 m²)

Spannbetonhohlpfähle ⌀ 85 cm, 30 bis 38 m lang	155 Stck
Stahlbeton B 25	5 700 m³
Betonstahl III	450 t

Abb. 9. 1. Nordhafenerweiterung
Bauzustand vom Mai 1972

Abb. 10. Baustelleneinrichtung mit Fertigung der Spannbetonpfähle

Die 2. Erweiterung (Abb. 7 sowie 11 und 12) besteht aus einem 640 m langen und 79,0 m breiten Containerpier sowie einem 427 m langen und ca. 15,9 m breiten Massengutanleger. Folgende Massen wurden eingebaut:

Containeranleger
Kaiplatte (Grundfläche 52 000 m²)
Spannbetonhohlpfähle ⌀ 85 cm, 24 bis 42 m lang   2 193 Stck
Stahlbeton B 25   41 000 m³
Betonstahl III   3 700 t

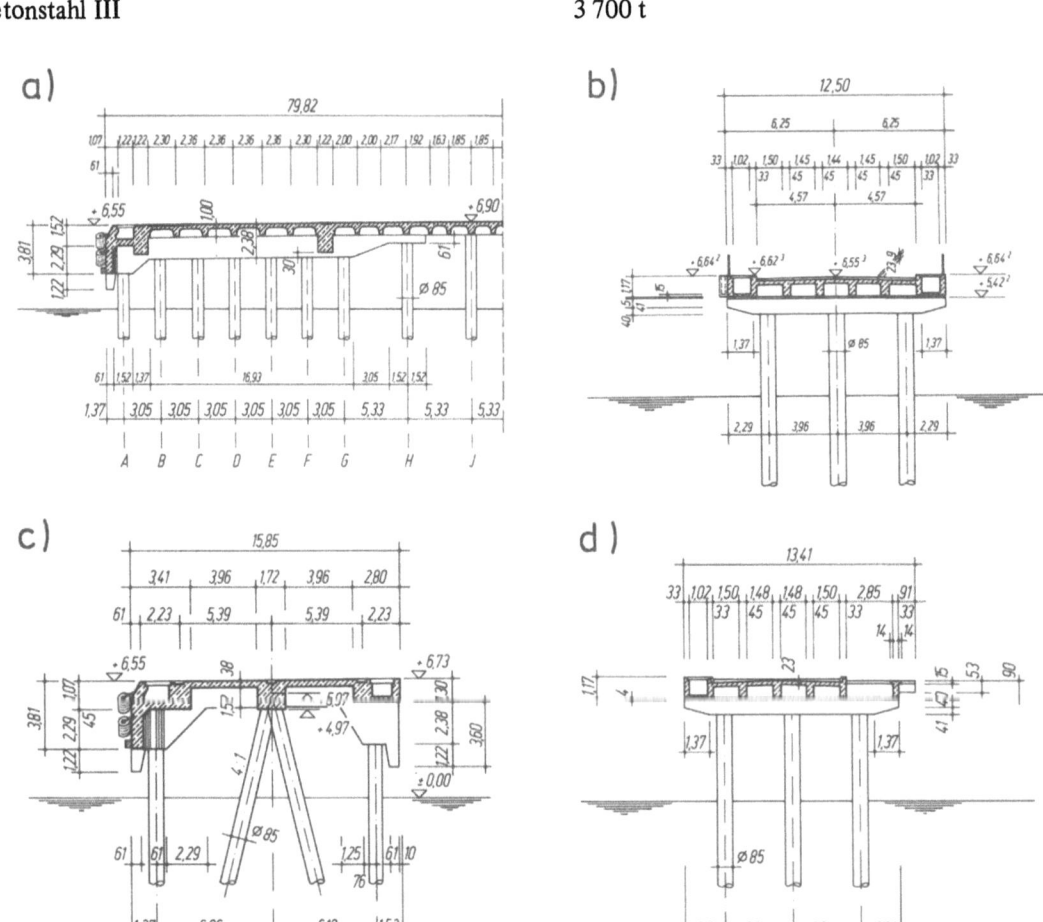

Abb. 11. 2. Nordhafenerweiterung
a) Querschnitt durch den Containeranleger, b) Querschnitt der Zufahrtsbrücke zum Containeranleger, c) Querschnitt durch den Massengutanleger, d) Querschnitt der Zufahrtsbrücke zum Massengutanleger

Abb. 12. 2. Nordhafenerweiterung; Gesamtansicht Ende 1977 nach Fertigstellung der Arbeiten

Zufahrtsbrücken (Grundfläche 2750 m²)
Spannbetonhohlpfähle ⌀ 85 cm, 24 bis 42 m lang   88 Stck
Stahlbeton B 25   3 200 m³
Betonstahl III   287 t

Massengutanleger
Kaiplatte (Grundfläche 7200 m²)
Spannbetonhohlpfähle ⌀ 85 cm, 30 bis 42 m lang, davon
Vertikalpfähle   224 Stck
Schrägpfähle   180 Stck
Stahlbeton B 25   7 800 m³
Betonstahl III   950 t

Zufahrtsbrücken (Grundfläche 4450 m²)
Spannbetonhohlpfähle ⌀ 85 cm, 30 bis 42 m lang   162 Stck
Stahlbeton B 25   2 850 m³
Betonstahl III   360 t

2.4 Hafen Owendo-Gabun (Abb. 13)

Bauherr: Regierung der Republik Gabun

Finanzierung: Entwicklungsfonds der EG

Beratende Ingenieure: Sonderentwurf der Strabag Bau-AG, Köln, unter Berücksichtigung eines „Gutachtens über die Strömungsverhältnisse und die Geschiebebewegungen im Gabun" von o. Prof. Dr.-Ing. Hensen, Direktor des Franzius-Instituts der TU Hannover

Bauausführende Firmen: Strabag Bau-AG, Köln, (federführend), Societé Française d'Entreprises de Dragages et de Travaux Publics, Paris

Bauzeit: 1971 bis 1973

Projektwert: 80 Mio DM

Abb. 13. Lageskizze

Für den von einem niederländischen Ingenieurbüro erarbeiteten Ausschreibungsentwurf als Kaimauer in Blocksteinbauweise wurde der vorgenannten Firmengruppe im Jahre 1969 für einen zum Teil geänderten Entwurf der Auftrag erteilt. In diesem Sonderentwurf war die Blocksteinkaimauer durch eine Lösung mit Stahlbetonringen ersetzt worden. Bei den weiteren Bodenaufschlüssen zeigte sich aber, daß der tragfähige Felsboden in der 150 bis 400 m vom Ufer verlaufenden Anlegelinie sehr unterschiedlich in 4 bis 17 m Tiefe anstand, was die Ausführung sehr erschwerte. Darüber hinaus wurden die erforderlichen Aushubarbeiten zum Herstellen eines geeigneten Gründungsanschlusses an den Fels vor allem durch einen starken Sink- und Schwebstoffeintrieb gemeinsam mit einer beweglichen Schicht organischer Verwesungsprodukte auf der Sohle praktisch unmöglich gemacht.

Die Firmengruppe erarbeitete daraufhin verschiedene andere ausführbare Projekte und erhielt 1971 für die im folgenden behandelte Lösung als Pierkonstruktion mit unmittelbar befahrener Stahlbetonplatte 455 × 70 m auf geschleuderten Spannbetonpfählen ⌀ 1,30 m im Raster von 6,0/10,0 m (Abb. 14 bis 17) einen geänderten Auftrag. Stahlpfähle konnten wegen zu hoher Kosten und Korrosionsgefahr nicht angewendet werden.

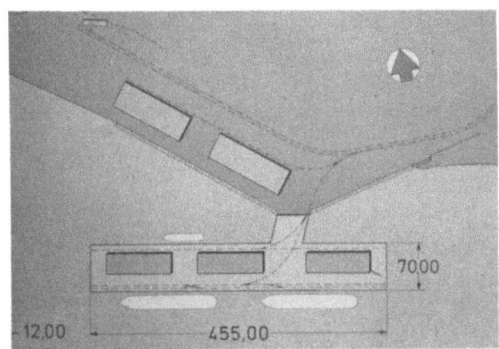

Abb. 14. Lageplan des schließlich gewählten Ausführungsentwurfs als Pierplatte

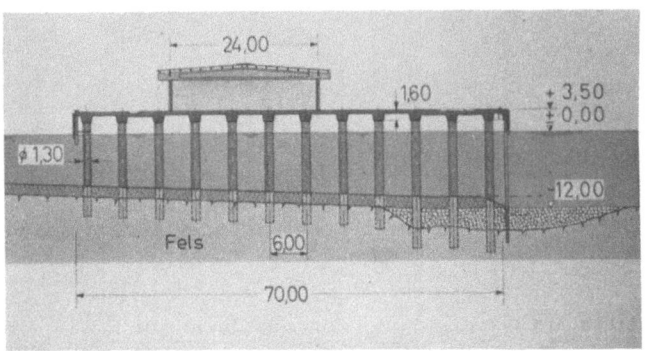

Abb. 15. Querschnitt der Pieranlage

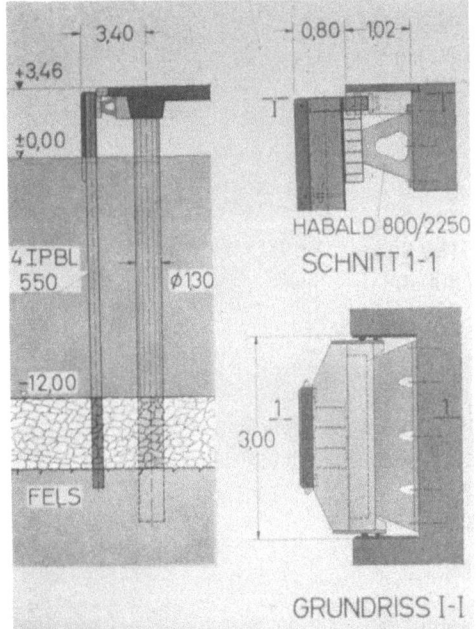

Abb. 16. Ausbildung der 400-kNm-Fender mit 1200 kN Anlegestoß, Achsabstand 20 m

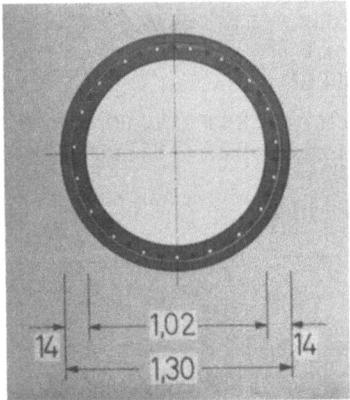

Abb. 17. Querschnitt der im Spannbett hergestellten geschleuderten Spannbetonpfähle
Längen: 11,50 ÷ 24,10 m; G_{max} 31 Mp
○ 19 ⌀ 12 Bst 42/50; ● 19 ⌀ 1/2" St 160/180

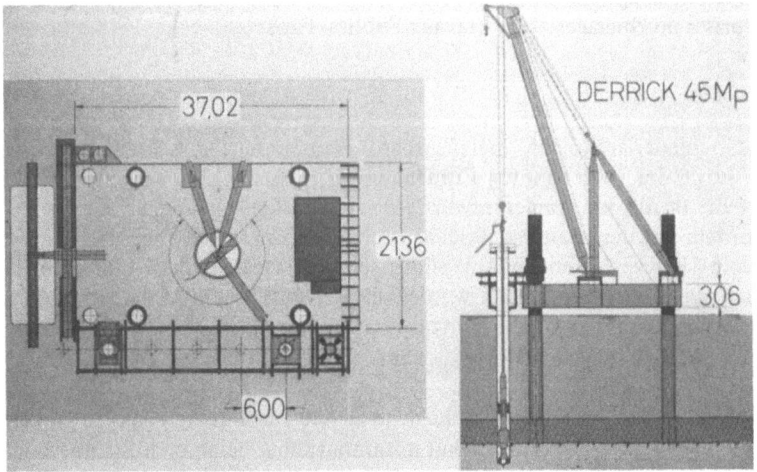

Abb. 18. Hubinsel im Bohreinsatz (6 Pfähle von einer Stellung aus herstellbar)

Abb. 19. Wirth-Bohranlage

Abb. 20. Bohrmeißel

Bei den gewählten starken Pfählen konnten die waagerechten Lasten durch Pfahlbiegung aufgenommen werden. Mit Hilfe einer Hubinsel (Abb. 18) und eines hochwertigen Bohrgeräts wurden für die Pfahlgründung im Schutze von Bohrrohren die 3 m tief in den Fels reichenden zum Einspannen der Pfähle erforderlichen Hohlräume geschaffen, in welche die zum Teil bis ca. 24 m langen Pfähle eingesetzt und festbetoniert wurden (Abb. 18 bis 20).

Die Pierplatte aus Ortbeton wurde als 1,60 m Rippendecke mit 0,40 bis 0,48 m dicker Platte auf fahrbarer Schalung (Abb. 21) unter Verwendung von Portlandzement 350 F (französische Norm) hergestellt. Die waagerecht verzahnten Baublöcke wurden 70 m lang gewählt.

Das Bauwerk einschließlich Zufahrtsbrücke enthält 40 000 m³ Beton und ist auf 584 Pfählen gegründet (s. Abb. 22).

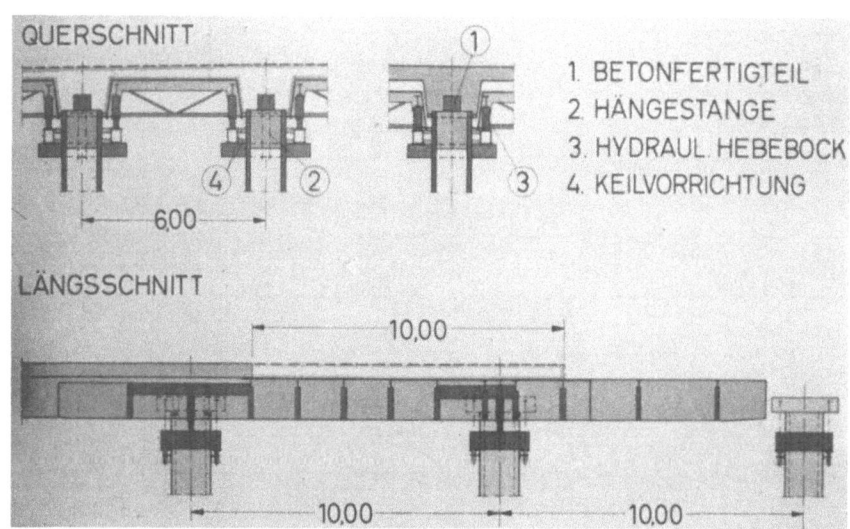

Abb. 21. Vorziehbare Schalung der Pierplatte

Abb. 22. Fertige Hafenanlage

2.5 Hafenerweiterung und Neuer Hafen Skikda, Algerien (Abb. 23)

Bauherr: Ministère des Travaux Publics et de la Construction, Algier

Entwurfsbearbeitung und Bauaufsicht: Ingenieurbüro Engelbrecht, Hamburg

Bauausführende Firmen: Hafenerweiterung: Hochtief Aktiengesellschaft vorm. Gebr. Helfmann, Essen; Neuer Hafen: Hochtief Aktiengesellschaft vorm. Gebr. Helfmann, Essen, (federführend); in Arge mit Dragados y Construcciones S.A., Madrid

Bauzeiten: Hafenerweiterung 1969 bis 1972; Neuer Hafen 1970 bis 1973

Projektwert: Hafenerweiterung ca. 25 Mio DM; Neuer Hafen ca. 240 Mio DM

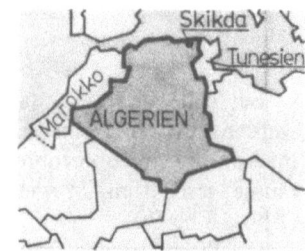

Abb. 23. Lageskizze

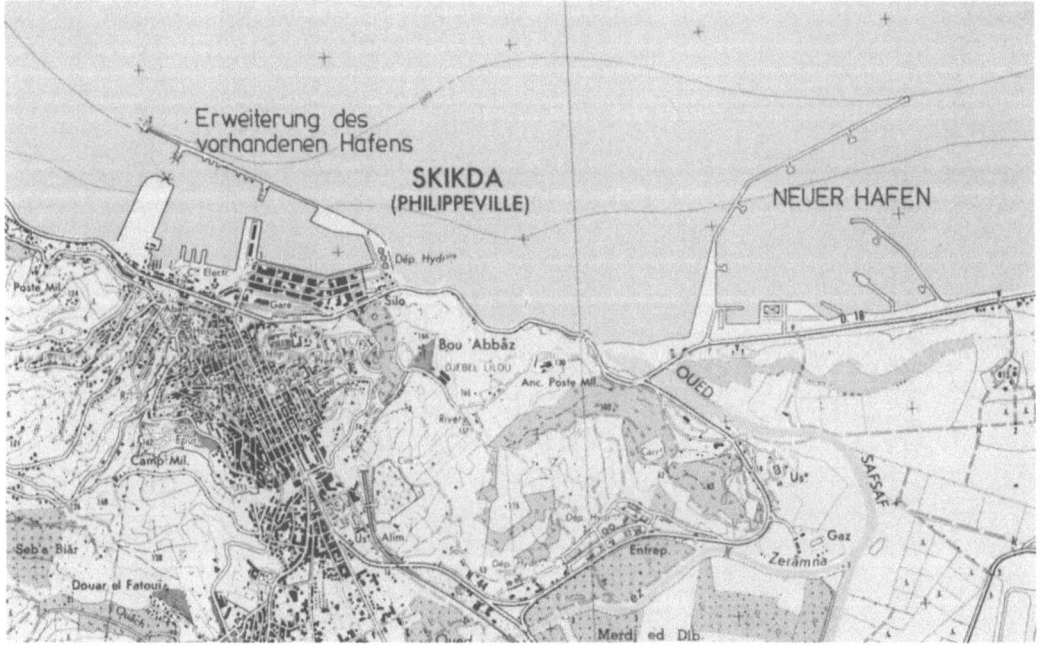

Abb. 24. Lageplan mit bestehendem und neuem Hafen

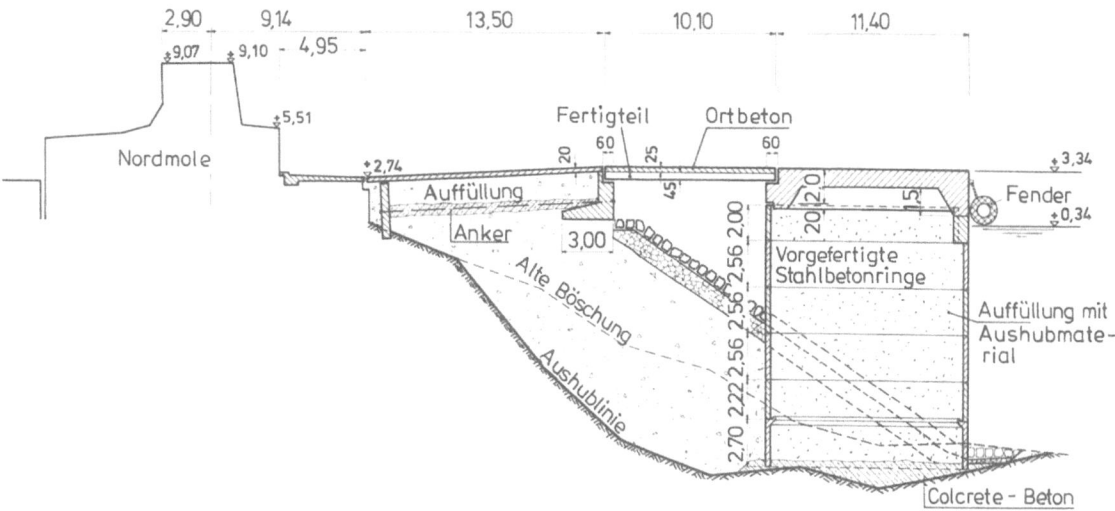

Abb. 25. Hafenerweiterung; Querschnitt durch einen Anleger für Öltanker

Die Erweiterung des vorhandenen Hafens (Abb. 24 u. 25) wurde vor allem für den Abtransport des algerischen Saharaöls, das in Pipelines nach Skikda gepumpt wird, vorgenommen. Hierfür wurden 3 Tankeranleger für größte Schiffe von jeweils 25 000, 35 000 und 50 000 dwt errichtet. Außerdem wurde unter anderem ein provisorischer Anleger und eine Kaimauer für den Diensthafen erstellt und die Hafeneinfahrt erweitert.

Die Tankeranleger wurden als Pierkonstruktion auf jeweils 2 Rundpfeilern (Abb. 25) ausgebildet. Diese wurden aus übereinandergesetzten vorgefertigen Stahlbetonringen ⌀ 12,0 m, Wanddicke 0,30 m, i. M. 2,30 m hoch, hergestellt und mit einem 80-t-Schwimmkran montiert. Das Innere wurde mit Aushubmaterial aufgefüllt. Je ein seitlicher Anlegepfeiler wurde in gleicher Weise hergestellt.

Im Zuge der Baumaßnahmen mußten umfangreiche Abbrucharbeiten, Baggerungen und Unterwassersprengungen vorgenommen werden. Das Bauvolumen ist gekennzeichnet durch

Naßbaggerung	115 000 m³
Unterwassersprengung	40 000 m³
Beton	30 000 m³

Der Neue Hafen (Abb. 24 und 26 bis 31) umfaßt folgende Bauwerke:

Hauptmole 1800 m
Nebenmole 650 m
1 Anleger für Flüssiggastanker
4 Anleger für Ölumschlag
1 Anleger für Stückgutumschlag
1 Diensthafen

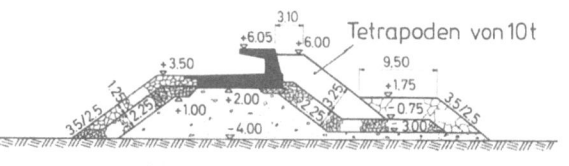

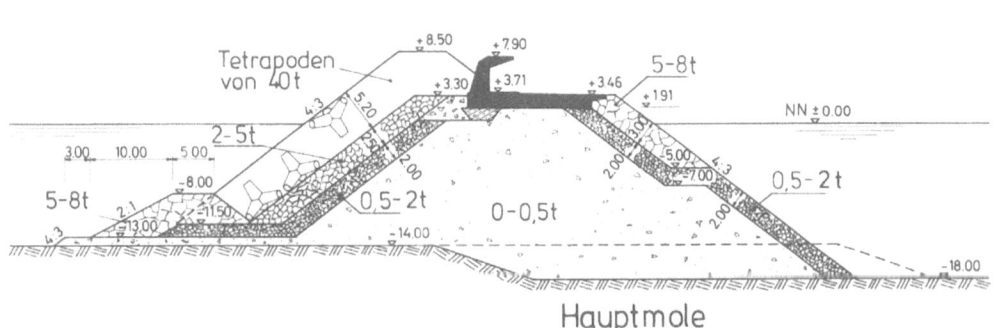

Abb. 26. Neuer Hafen; Querschnitt durch die Hauptmole und durch die Nebenmole

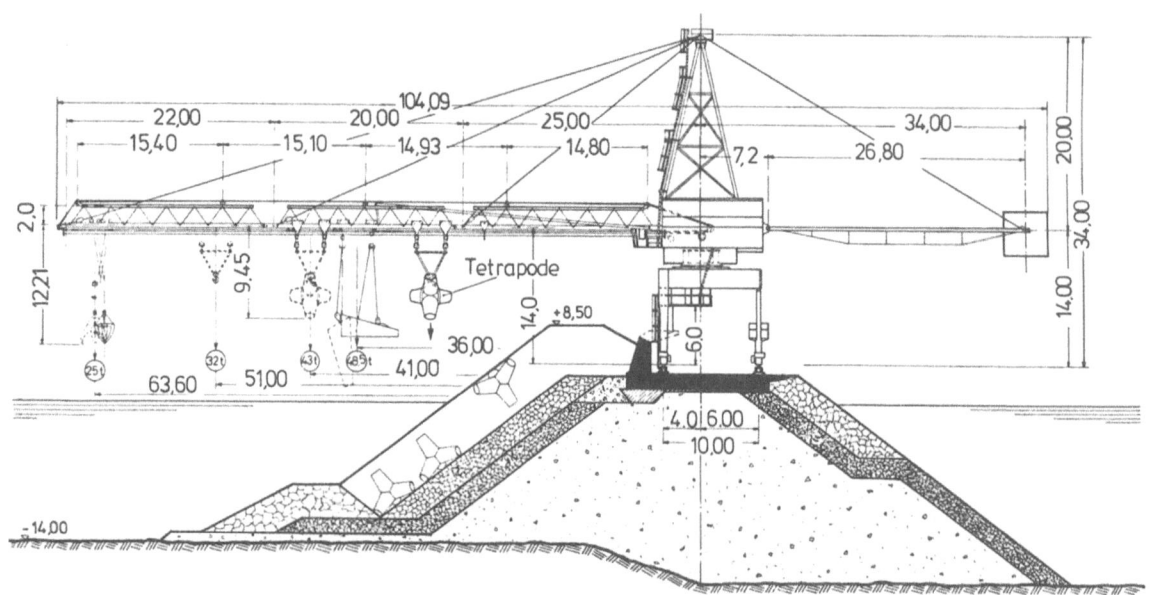

Abb. 27. Belastungsschema für den Molenkran „Titan"

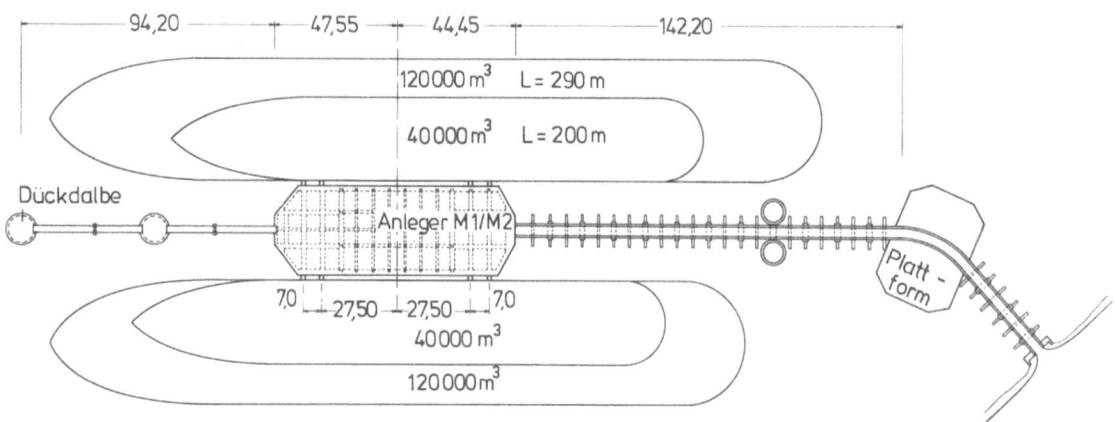

Abb. 28. Neuer Hafen; Grundriß des Anlegers für Flüssiggas

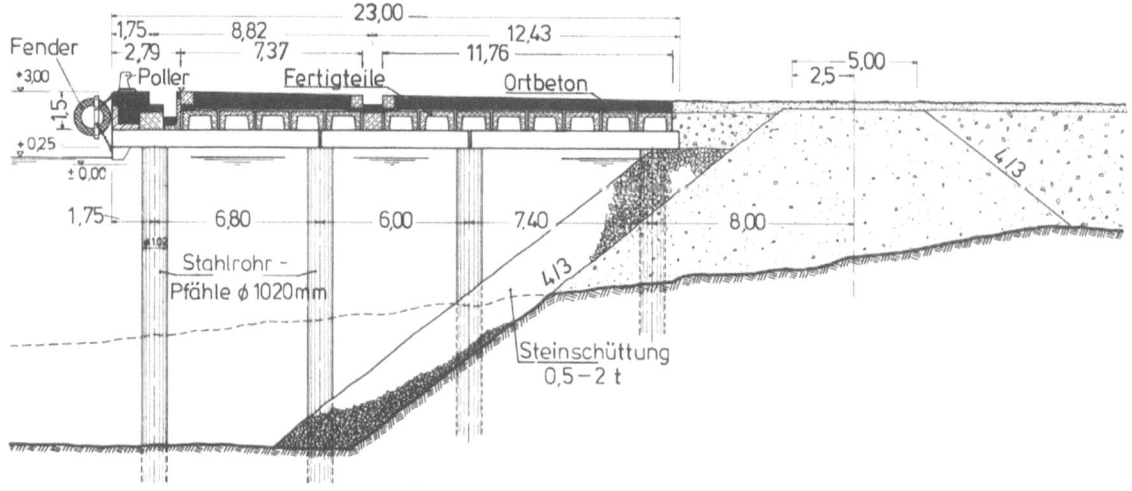

Abb. 29. Neuer Hafen; Querschnitt des Stückgutanlegers

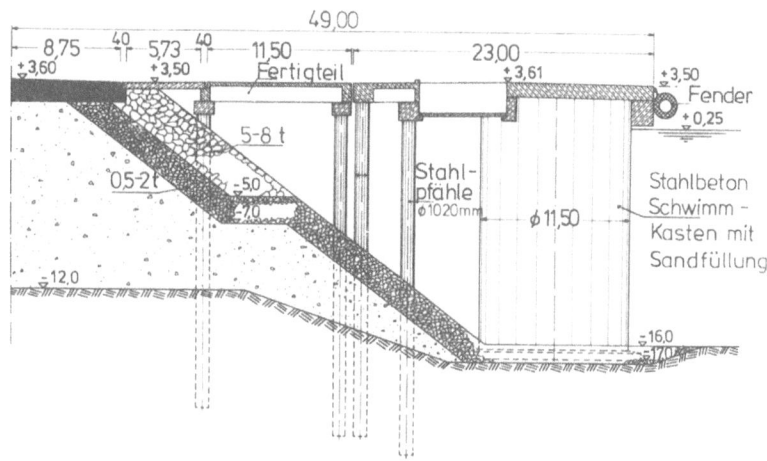

Abb. 30. Schnitt durch einen der Schiffsanleger für Ölumschlag

Die Baumassen betragen:

Steinschüttungen	3,3 Mio t
40-t-Tetrapoden	7 860 Stck
10-t-Tetrapoden	2 725 Stck
Betonplatten	65 200 m³
Naßbaggerungen	6,3 Mio m³
Aufspülung	2,2 Mio m³
Stahlpfähle	600 Stck

Die Gestaltung und die Bauausführung waren wesentlich beeinflußt von den rasch aufkommenden Wellen, die in den Wintermonaten gelegentlich 10 m und im Januar 1973 sogar einmal 13 m Höhe erreichten. Die Durchführung des Molenbaus mußte daher vorweg in anerkannten Hydraulischen Instituten untersucht werden. Dabei wurde festgestellt, daß das mit 400-t-Klappschuten bis 6,0 m unter Mittelwasser eingebrachte Kernmaterial dem Angriff von 7,5 m hohen Wellen noch standhielt. Beim darüberliegenden, durch Kipper und Molenkran eingebrachten Material mußte mit starken Störungen gerechnet werden, wenn die Wellenhöhe 3,5 m überstieg und die jeweilige Oberfläche nicht vorübergehend mit schwerem Material abgedeckt war. Die Molenbauarbeiten mußten daher im allgemeinen bei Wellenhöhen von 2,0 m unterbrochen werden. Die Molen wurden im Hinblick auf den Einsatz des maximal 50 t tragenden Molenkrans „Titan" in 30-m-Abschnitten vorgestreckt. Das Kernmaterial (ein schiefriges Gestein) konnte aus einem 2 km vom Hafen entfernten Steinbruch gewonnen werden, während das Material für die schweren Abdeckungen aus Granitblöcken in einem 16 km entfernten Steinbruch gewonnen und auf einer besonders errichteten bzw. ausgebauten Schwerlaststraße zum Hafen transportiert werden mußte. Da das Gelände im Steinbruch unter 45° anstand, wurde ein wesentlicher Teil der Steinmengen mit „Kammerminensprengung" gewonnen.

Der Anleger für Flüssiggastanker (Abb. 28) mußte noch ohne Molenschutz in nur 13 Monaten errichtet werden. Er wurde auf 334 spiralgeschweißten Stahlrohrpfählen ⌀ 60 cm gegründet. Diese wurden von einem

Abb. 31. Luftaufnahme des fertigen neuen Hafens

Rammgerüst mit 34 m Spurweite aus gerammt, das von Land aus vorgestreckt wurde. Auf diesem Gerüst lief nicht nur der Rammenunterwagen, sondern auch der 100-t-Portalkran für das Verlegen der Fertigteile für die Stahlbeton-Pierplatte. Die 164 Stahlpfähle für das Rammgerät konnten wiedergewonnen werden.

Der Schiffsanleger für Stückgut (Abb. 29) ist auf Stahlrohrpfählen ⌀ 102 cm gegründet. Die Kaiplatte ist 240 m lang und 23 m breit und besteht aus Betonfertigteilen, die durch Ortbeton miteinander verbunden wurden.

Die 4 Anleger für Ölumschlag (Abb. 30) mit verschiedenen Wassertiefen für Schiffe von 40 000 bis 100 000 dwt wurden entsprechend Abb. 38 nach gleichen Grundsätzen ausgebildet. Bei den kreisrunden Schwimmkästen ⌀ 11,50 m wurde der untere Teil an Land hergestellt, ins Wasser gehoben, weiter aufgehöht, an die Einbaustelle geschwommen, abgesenkt und mit Sand aufgefüllt. Jeder Liegeplatz hat 4 solcher Kästen, davon je 2 für die Unterstützung der Pierplatte und dazu links und rechts je einen als Anlegepfeiler zur Aufnahme von Fender- und Festmacheeinrichtungen.

Der Diensthafen, abgetrennt durch eine kleine Mole, erhielt eine dreiseitige Einfassung mit Blocksteinmauern. Das Gewicht der eingebauten Blöcke betrug jeweils 35 t.

2.6 Hafenerweiterung Qaboos in Muscat, Oman (Abb. 32)

Bauherr: Das Sultanat von Oman

Entwurfsbearbeitung und Bauaufsicht: Sir William Halcrow & Partners, London

Bauausführende Firmen: Hochtief Aktiengesellschaft vorm. Gebr. Helfmann, Essen (federführend), in Arge mit Six Construct, Brüssel

Bauzeit: 1971 bis 1974

Projektwert: ca. 185 Mio DM

Abb. 32. Lageskizze

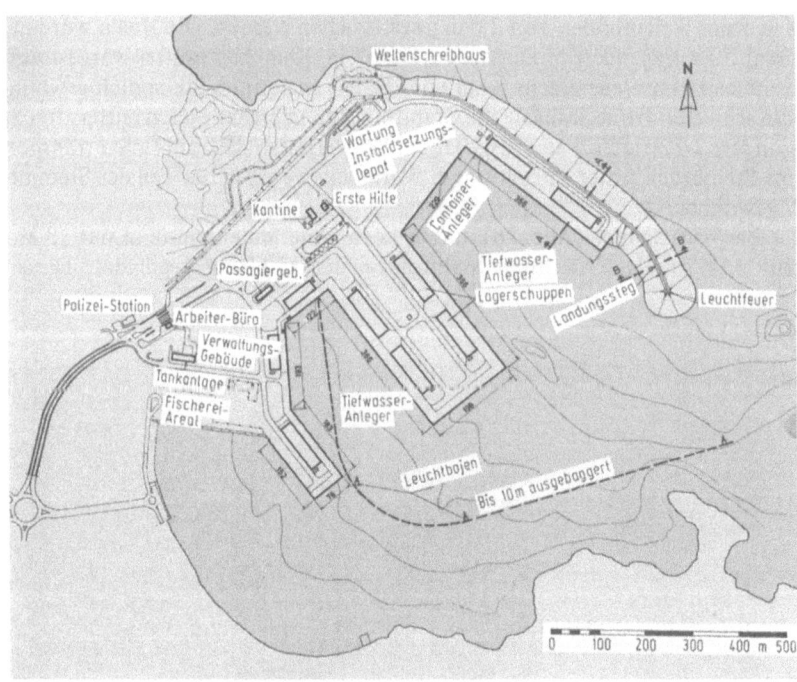

Abb. 33. Hafen Qaboos, Übersichtsplan

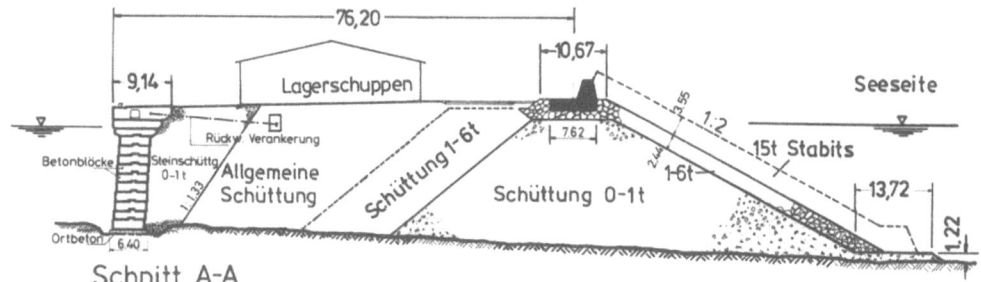
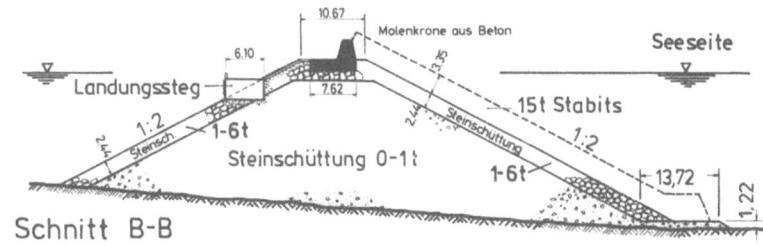

Abb. 34. Schnitte durch die Molen (s. Abb. 33)

Das Bauvorhaben umfaßte folgende Bauwerke (Abb. 33 bis 35):

Steinschüttmole	690 m
8 Liegeplätze mit 10 m Wassertiefe	1 500 m
6 Transitschuppen	19 800 m²
Hafengebäude und Nebenanlagen	

Dabei fielen folgende Baumassen an:

Erdschüttung	1,45 Mio m³
Felsschüttung	1,20 Mio m³
Unterwasseraushub (Felsmaterial)	0,72 Mio m³
Betonblöcke	125 000 m³
15-t-Stabits	80 000 m³
Ortbeton	48 000 m³

Abb. 35. Luftaufnahme des fertigen Hafens, Februar 1975

Während das Felsmaterial am Ort gewonnen werden konnte, mußten die Zuschlagstoffe 12 km entfernt einem ausgetrockneten Flußbett entnommen und über eine Straßenverbindung herantransportiert werden. Beim vorhandenen Süßwassermangel wurde für die unbewehrten Betonblöcke und die Stabits Salzwasser verwendet. Das Wasser für den bewehrten Beton wurde von einem 8 km entfernt angelegten Süßwasserbrunnen in 25-m³-Tankwagen herantransportiert.

Für die Gründung der Blocksteinmauern mußte in größerem Umfang ein Bodenaustausch mit sorgfältig aufgebautem Felsbruchmaterial auf wechselnde Tiefe vorgenommen werden.

Zur Feststellung der erforderlichen Aushubtiefe wurden laufend Standard Penetration Tests ausgeführt.

Die Blöcke der Kaimauern wogen zwischen 20 und 40 t. Sie waren 1,50 m breit, 1,65 m hoch und 4,00 bis 7,50 m lang und wurden nur tagsüber mit einem schweren Raupenbagger unter Taucherhilfe eingebaut, während das Hinterfüllungsmaterial im Hinblick auf die dabei auftretende Trübung des Wassers zur besseren Sicht für das Versetzen der Blöcke nur nachts eingebracht wurde.

2.7 Teilprojekt Kaimauern und Wellenbrecher des Hafens Richards Bay, Südafrikanische Republik
(Abb. 36)

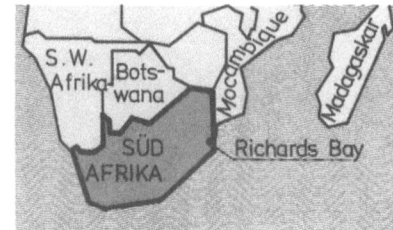

Bauherr: S.A. Railways and Harbour Administration

Entwurfsbearbeitung: Der Bauherr, und für die Kunstbauten größtenteils die Firma Philipp Holzmann AG Frankfurt/Main

Bauausführende Firmen: Philipp Holzmann AG Frankfurt/Main (federführend), Ed. Züblin AG, Bauunternehmung, Stuttgart

Bauzeit: 1972 bis 1977

Projektwert: ca. 370 Mio DM

Abb. 36. Lageskizze

Der Umschlag großer Mengen von Bauxit und Kohle und ein erhöhter Stückgutumschlag infolge der Industrieentwicklung im Raum von Johannisburg erforderte eine großzügige Erweiterung der Hafenkapazität an der Ostküste Südafrikas. Der günstigste Platz für einen neuen Hafen wurde von der südafrikanischen Eisenbahn- und Hafenverwaltung rd. 150 km nördlich von Durban in einer 7 km langen, 5 km breiten und bis zu 1 m tiefen Lagune festgestellt. Davon wurde für die Hafenzwecke vorerst eine Hälfte durch einen 4,5 km langen und an der Krone 46 m breiten Deich abgetrennt, auf dem auch die Straßen- und Eisenbahnverbindung über die Lagune untergebracht wurde. Der Hafen wurde zunächst für den Verkehr von 150 000-dwt-Schiffen mit 19,0 m Wassertiefe ausgebaut, die Kaimauer aber für die spätere Wassertiefe von 23,0 m und dadurch für den Verkehr von

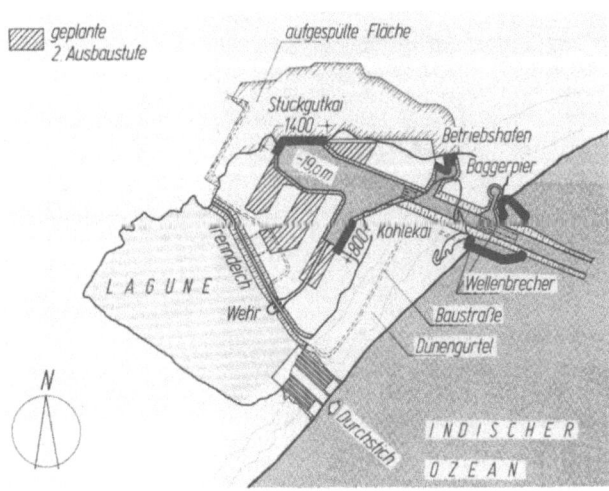

Abb. 37. Lageplan des Hafens

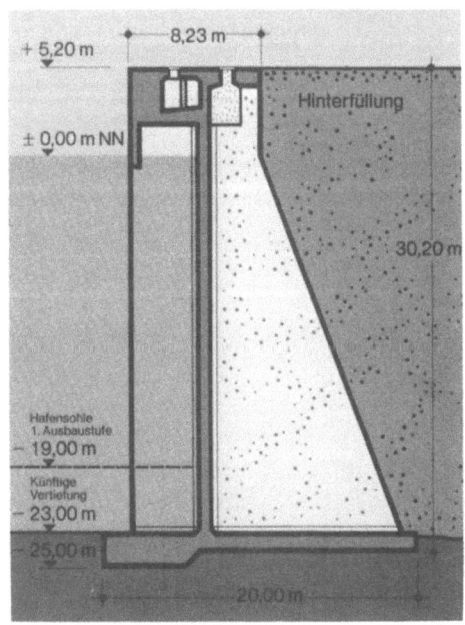

Abb. 38. Schnitt durch die Stahlbeton-Rippenstützmauer der Seeschiffs-Kaianlage

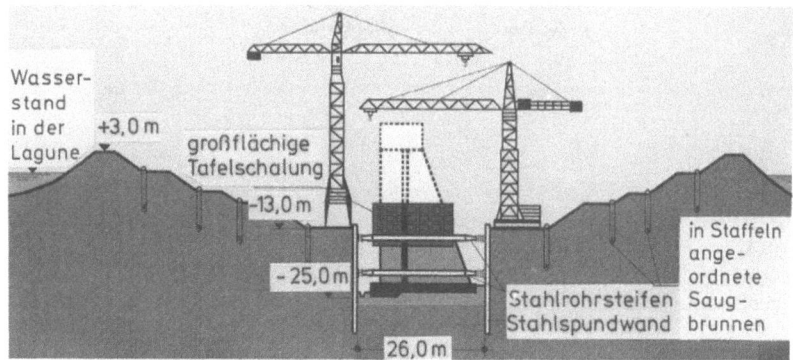

Abb. 39. Kennzeichnender Querschnitt durch die Kaimauerbaugrube

250 000-dwt-Schiffen bemessen. Den Auftrag für das Gesamtprojekt in Höhe von 930 Mio DM erhielt 1972 eine Gruppe von holländischen und deutschen Großbaufirmen. Später teilte diese Gruppe die Arbeiten auf, wobei die hier behandelten Kunstbauten und Wellenbrecher von der Fa. Philipp Holzmann AG, Frankfurt, in Arbeitsgemeinschaft mit der Fa. Ed. Züblin AG, Bauunternehmung, Stuttgart, ausgeführt wurden.

Die wichtigsten Bauwerke dieser Gruppe (Abb. 37) sind:

1 Stückgutkai	1 375 m
1 Kohlekai	881 m
Kaimauern für Wassertiefen von 4 bis 8 m	971 m
2 Liegeplätze für Hafenbagger	
1 Schiffsaufschleppe für Hafenboote	
2 Außenwellenbrecher mit der Gesamtlänge	1 940 m
2 innere Wellenbrecher mit der Gesamtlänge	630 m
1 Regulierwehr mit zwei je 38 m breiten Durchlaßöffnungen	

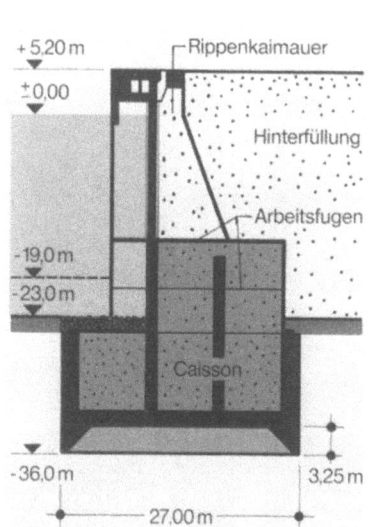

Abb. 40. Kaimauerquerschnitt in einem Sonderbereich mit Druckluft-Gründung

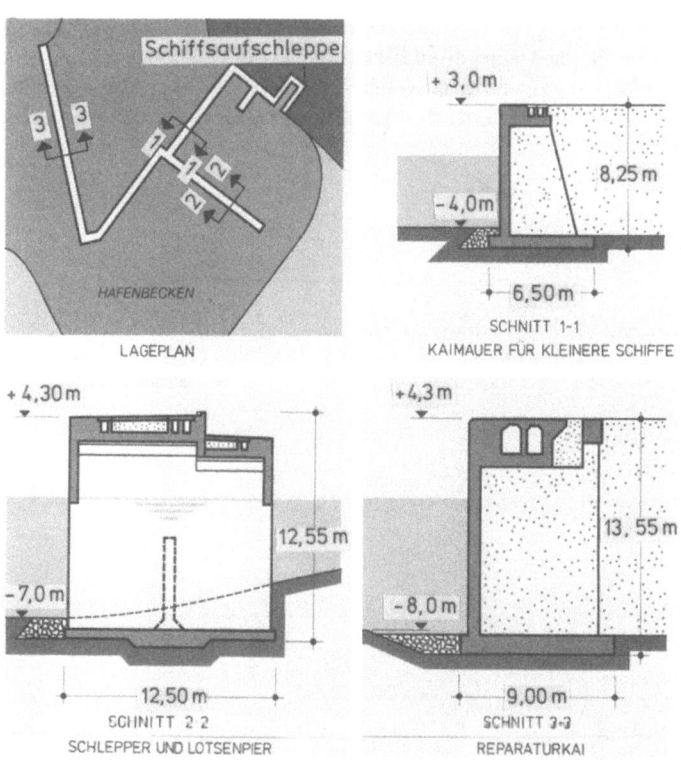

Abb. 41. Betriebshafen; Lageplan mit kennzeichnenden Querschnitten

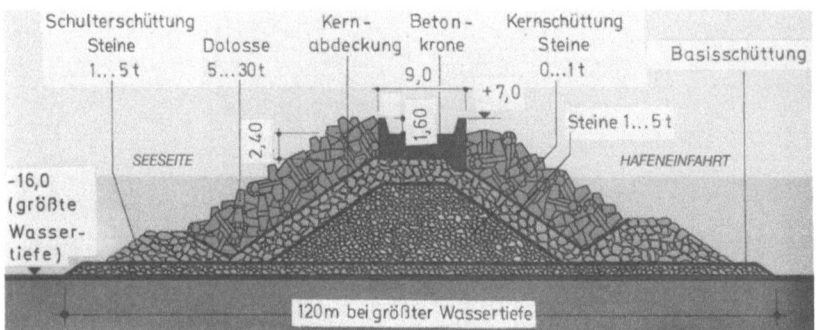

Abb. 42. Querschnitt der äußeren Wellenbrecher

Die Baumassen dieser ersten Ausbaustufe des Hafens betrugen:

Beton- und Stahlbeton	660 000 m³
Schütt- und Abdecksteine	900 000 m³
Dolosse (unbewehrt) von 5, 15, 20 und 30 t insgesamt	48 500 Stck

Dazu kamen 170 Mio m³ Naßbaggerung, die aber von der holländischen Gruppe ausgeführt wurden.

Der tragfähige Baugrund aus Schluff- und Sandstein, entstanden in der Kreidezeit, stand 13 bis 40 m unter dem Wasserspiegel an. Er war überlagert von Sand, aber auch von weichen, nichttragfähigen Bodenschichten.

Nach Vergleichsuntersuchungen mit verschiedenen Möglichkeiten erwies sich für die Kaimauern die Lösung mit einer Stahlbetonrippenmauer, in offener Baugrube hergestellt, als die günstigste (Abb. 38, 39, 40 und 41). Es wurden Blocklängen von 30 m angewendet und die Mauern in Bauabschnitten von rd. 300 m im Trockenen hergestellt. Hierzu wurde zunächst ein örtlich noch offener Ringdeich errichtet und darin der Boden bis NN –13,0 m mit einem Schwimmbagger ausgehoben. Anschließend wurde der Ringdeich geschlossen und der weitere Aushub unter Grundwasserabsenkung mit Vacuumbrunnen – bei tieferliegendem festen Baugrund im Schutz einer ausgesteiften Umspundung – bis zur Gründungssohle NN –25,0 m vorgenommen. Nachdem in einigen Bereichen mit besonders schlechten oberen Bodenschichten Geländebrüche eingetreten waren, wurden dort der Ringdeichabstand vergrößert und die Böschungen abgeflacht.

Im Bereich eines alten Flußbetts lag der tragfähige Baugrund so tief, daß von NN –23,0 m ab eine Druckluft-Senkkastengründung ausgeführt werden mußte (Abb. 40). Der Kasten wurde aber bereits auf NN –2,0 m betoniert und im Zuge des Aushubs unter Grundwasserentlastung mit abgesenkt.

Abb. 43. Bau des Wellenbrechers mit einem schweren Manitowoc-Raupenkran

Abb. 44. Einbau der Dolosse mit einer Spezialzange

Abb. 45. Kohlekaimauer in Betrieb

In Normalausführung wurden die 3000 m³ Beton beinhaltenden Mauerblöcke im Taktverfahren mit umsetzbaren großen Tafelschalungen, der Höhe nach in 5 Betonierabschnitte unterteilt, hergestellt.

Die Gestaltung der Wellenbrecher (Abb. 42) wurde vom Bauherrn vorgegeben. Bei den vorherrschenden ungewöhnlich schwierigen Wellenverhältnissen mußten die äußeren Wellenbrecher mit einem schweren Manitowoc-Raupenkran (Abb. 43 u. 44) von 35 t Traglast bei 60 m Ausladung vom Land aus vorgebaut werden. Der Kran lief dabei auf der schweren Stahlschalung des in 12 m Abschnitten herzustellenden Betonkopfs des Wellenbrechers und war zusätzlich mit einem „Ringer" abgestützt. Die Arbeit des Krans war dabei durch die Betonerhärtung nicht behindert.

Die Steine für den Molenbau und die zu brechenden Zuschlagstoffe wurden in einem 30 km entfernten Steinbruch gewonnen und mittels Sattelschleppern angefahren.

Dieses ungewöhnliche und erstklassig geplante Bauvorhaben (Abb. 45) konnte nur durch den bestens organisierten leistungsfähigen Maschinen-, Geräte- und Personaleinsatz sowie Nachschub in Verbindung mit der hervorragenden Zusammenarbeit aller Beteiligten, beginnend beim Bauherrn über die Unternehmergruppen bis hinunter zu den einfachen Arbeitern, die größtenteils angelernte Bantus waren, in der kurzen Zeit und der geforderten Qualität gelingen.

2.8 Pellets-Verladeanlage Punta Colorada, Argentinien (Abb. 46)

Bauherr: Hierro Patagónico de Sierra Grande S.A. Minera, Buenos Aires
Beratende Ingenieure einschl. Bauaufsicht: Soros Associates, New York
Bauausführende Firmen: Hochtief Aktiengesellschaft, vorm. Gebr. Helfmann, Essen (federführend), in Arge mit: Fried. Krupp, GmbH Rheinhausen Sade S.A. Buenos Aires
Bauzeit: 1973 bis 1977
Projektwert: ca. 40 Mio DM

Abb. 46. Lageskizze

Das Projekt dient dem Verladen von Pellets in Schiffe von 25 000 dwt bei ca. 12 m nutzbarer Wassertiefe.

Es umfaßt:

einen Verladekopf mit den Anlege- und Festmacheeinrichtungen
eine 870 m lange Bandbrücke (Abb. 47) und
an Land eine Pellets-Umschlagseinrichtung für direkte Schiffsbeladung und/oder Lagerung mit Wiederaufnahme.

Das Bauvolumen ist gekennzeichnet durch:

Steinschüttung:	157 000 m³
Betonfertigteile:	4 700 t
Stahlpfähle und Stahlträger	2 940 t

Abb. 47. Zufahrtsbrücke

Abb. 48. Luftbild der Erzverladeanlage

Gestalt und Bauausführung der Anlage, die in freier See errichtet werden mußte und an 90 % der Tage im Jahr betriebsklar sein sollte, wurden maßgebend beeinflußt von den Wind- und Wellenverhältnissen und einer maximalen Differenz der Tidewasserstände von 10,2 m. Das zu verschiffende Material wird mit einem Förderband von 2000 t/h Leistung zum Verladekopf gebracht. Letzterer ist so ausgebildet, daß das Schiff – je nach den Wind- und Wellenverhältnissen – in 2 verschiedenen Positionen anlegen und liegen kar.n (Abb. 48). Hierzu sind 4 Anlegedalben und 6 Bojen installiert. Der Verladeausleger ist um 173° schwenkbar. Seine schiffseitige Laufbahn hat einen Radius von ca. 40 m.

Die als Balken auf 2 Stützen ausgebildeten, je 60 m langen und ca. 50 t schweren Abschnitte der Bandbrücke sind jeweils auf Pfahlfundamenten, bestehend aus 4 lotrechten Stahlpfählen, gegründet. Letztere wurden in den felsigen Untergrund biegesteif eingebunden. Dabei wurden die Pfähle in Vorbohrungen gesetzt und einbetoniert. Am Kopf werden die Pfähle durch aufgesetzte 55 t schwere Betonfertigteile zusammengehalten.

Für die Baudurchführung wurden schwere Schuten und eine Hubinsel eingesetzt, die mit einem 660-tm-Derrick ausgerüstet war. In der Planung wurde besonders darauf geachtet, daß kein Einbauteil schwerer als 55 t wurde.

Die Arbeiten wurden pauschal vergeben und liefen planmäßig ab.

2.9 Erste Hafenerweiterung Lomé, Togo (Abb. 49)

Auftraggeber: République Togolaise (MTP)

Beratende Ingenieure einschl. Bauaufsicht: Prof. Dr. Lackner & Partner, Bremen

Bauausführende Firmen: Dyckerhoff und Widmann AG, München (federführend); Wayss und Freytag AG, Frankfurt; Grün und Bilfinger AG, Mannheim; Ed. Züblin AG Bauunternehmung, Stuttgart; Bos und Kalis (Boka), Niederlande; Dodin, Paris; UDECTO, Lomé, Togo

Bauzeit: 1974 bis 1976

Projektwert: ca. 56 Mio DM

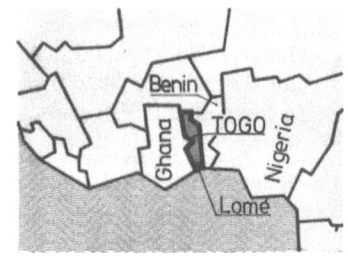

Abb. 49. Lageskizze

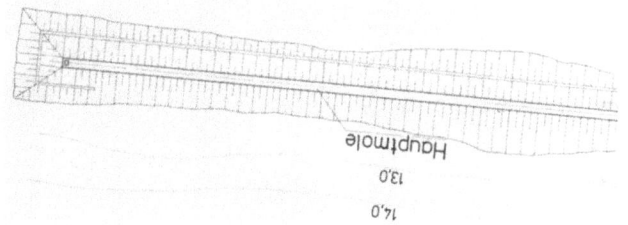
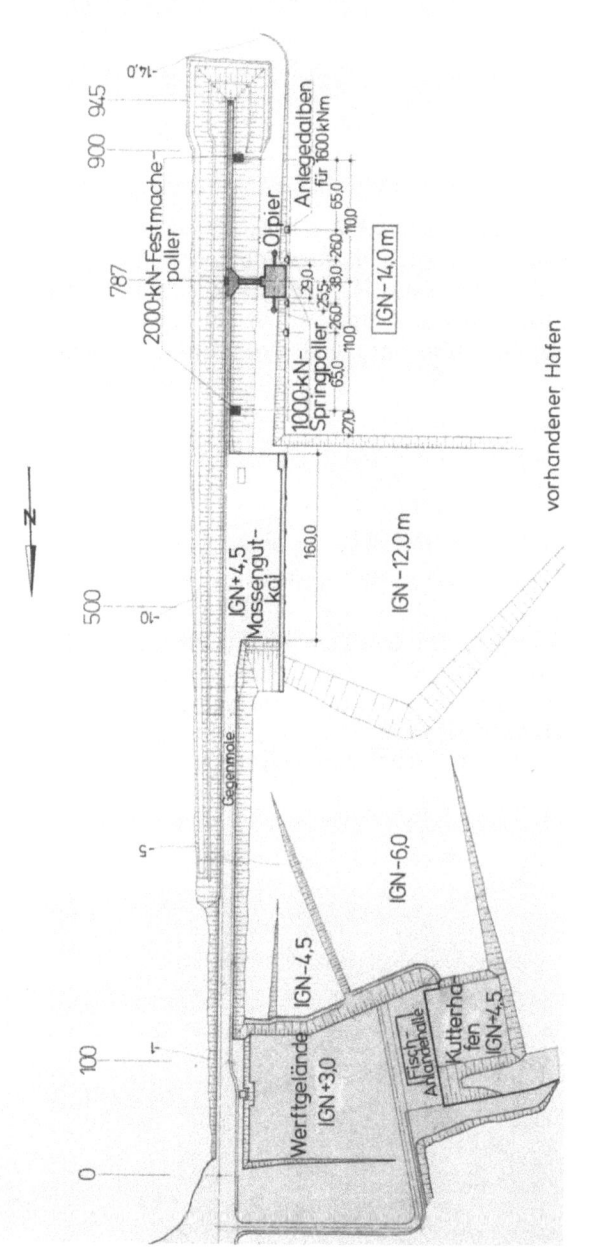

Abb. 50. Lageplan der 1. Erweiterung

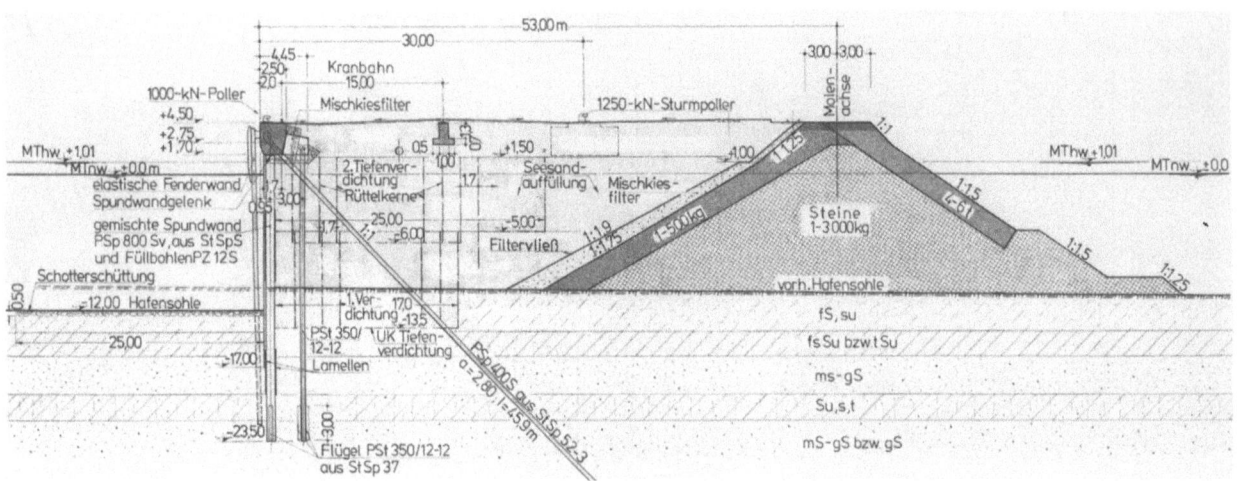

Abb. 51. Querschnitt durch den Massengutkai und die Gegenmole

Die erste Erweiterung des Hafens Lomé (Abb. 50 bis 53) umfaßt folgende Bauwerke:

Bau der Gegenmole (Abb. 50), ca. 900 m lang, mit einer Bruchsteinmenge von ca. 800 000 t, die per Eisenbahn vom 70 km entfernten Steinbruch herantransportiert wurde.

Erstellen des rd. 200 m langen Massengutkais (Abb. 51) in Stahlspundwandkonstruktion mit Stahlbetonkopf und Schrägpfahlverankerung, verfüllt mit Seesand. Der Übergang zur Steinschüttung wurde durch ein Filtervlies (Treviravlies 500 g/m²) und eine Mischkiesschicht sorgfältig gesichert. Das Bauwerk erforderte:

Spundwandstahl	1 900 t
Beton B 25	2 300 m³
Bewehrungsstahl	400 t
Mischkiesfilter	6 500 m³
Seesandhinterfüllung	110 000 m³

Der Ölpier (Abb. 53) zum Anlegen für Schiffe bis zu 65 000 dwt hat einen Stahlbeton-Löschkopf 20 × 30 m, der auf 33 gerammten Stahlpfählen UP 134 ruht. Zum Anlegen und als Sicherung sind seitlich außen je 1 fünfpfähliger und unmittelbar neben dem Löschkopf je ein dreipfähliger Stahlrohrdalben Ø 700 mm angeordnet mit den Arbeitsvermögen von 1600 bzw. 900 kNm bei den Anlegedrücken 2100 bzw. 1200 kN.

Die 1000-kN-Springpoller neben dem Löschkopf sind auf je 4 Stahlpfählen UP 134 und die 2000-kN-Festmachepoller in der Gegenmole flach gegründet.

Der Fischereihafen in Spundwandbauweise Larssen 43 angeführt, hat 60 m nutzbare Kailänge mit Freifläche und Anlandehalle.

Abb. 52. Luftaufnahme der Gegenmole mit Massengutkai und Ölpier

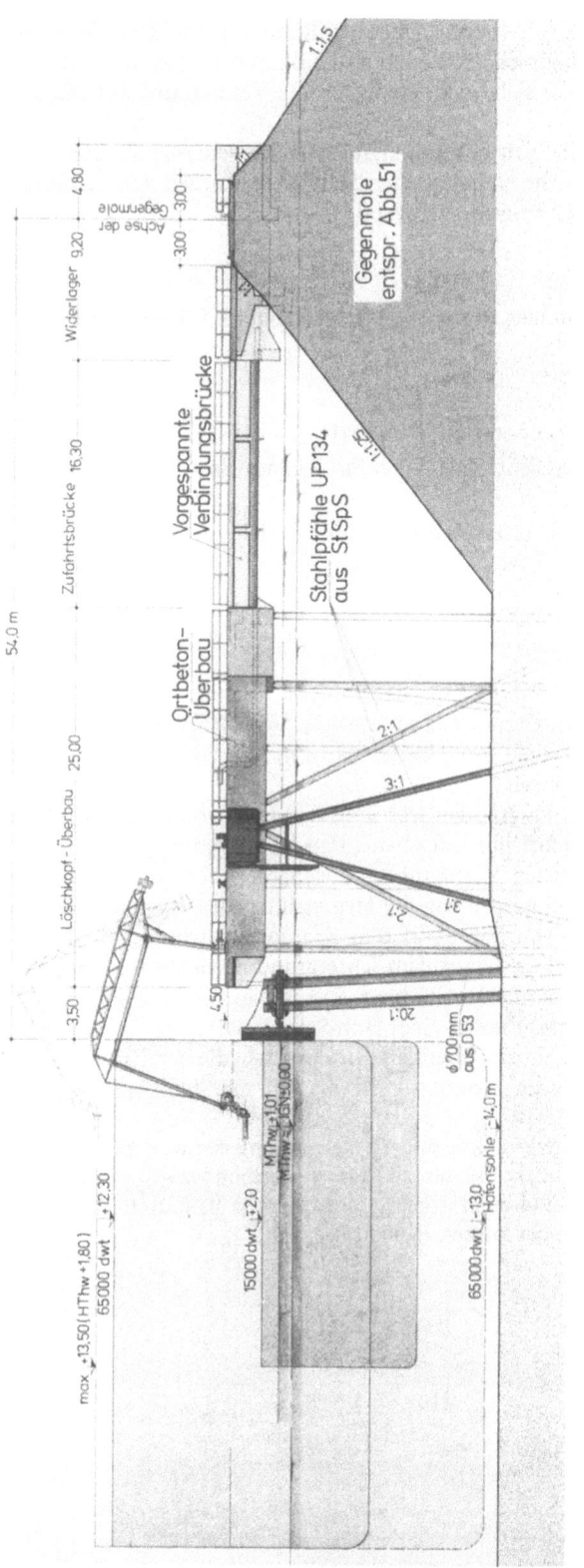

Abb. 53. Ölpier

Die Naßbaggerarbeiten für Sohlenlagen auf IGN −14,0 m bis −4,50 m umfaßten 550 000 m³ Sand und schluffigen Sand.

Die Mole wurde mit dem schon beim früheren Hafenbau eingesetzten Molenkran mit 16 t Tragkraft bei 50 m Ausladung gebaut. Die Molenschüttung hatte gegenüber den Rammarbeiten einen Vorlauf von 50 m.

Der Molenkran wurde vielseitig, beispielsweise auch als Baukran beim Herstellen des Ölpiers, verwendet.

Die Arbeiten gingen planmäßig vor sich, wobei lediglich die Verdichtung des anstehenden schluffigen Feinsandes Schwierigkeiten bereitete.

Für die Baudurchführung einschließlich der umfangreichen Schweißarbeiten konnten weitgehend und erfolgreich Togolesen eingesetzt werden. Die einheimischen Schweißer wurden von deutschen Fachkräften geschult und nach den einschlägigen deutschen Vorschriften geprüft.

2.10 Ölumschlag Derna, Arabische Republik Libyen (Abb. 54)

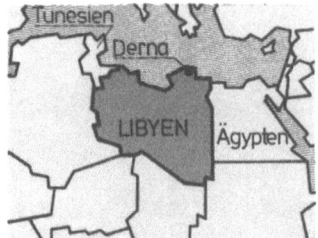

Bauherr: National Electricity Board Corporation, Benghazi
Beratende Ingenieure einschl. Bauaufsicht: Ing. Büro Sir William Halcrow + Partners, London
Entwurf der Ölumschlaganlage und Bauausführung: Firma Held & Francke, Bau AG, München
Bauzeit: 1974 (5 Monate)
Projektwert: ca. 18 Mio DM

Abb. 54. Lageskizze

Die Ölumschlagbrücke dient der Ölversorgung des von BBC Mannheim als Generalunternehmer errichteten Ölkraftwerks in Derna. Sie mußte unter zum Teil schwierigen Verhältnissen mit bis zu 8 m hohen Wellen 580 m weit in die freie See bis in die Wassertiefe von mindestens 12 m hinausgebaut werden (Abb. 55, 56 und 57), und dies in einer ungewöhnlich kurzen Bauzeit.

Der tragfähige Kalkstein als Gründungsboden war 3 bis 8 m hoch von nicht tragfähigen Schichten überlagert, wobei nach der Ausschreibung zunächst nur mit etwa 1,0 m Überlagerung gerechnet werden brauchte. Das Projekt wurde aber rasch den tatsächlichen Verhältnissen angepaßt, wobei der Kalkstein von einer französischen Subunternehmerfirma mittels Kernbohrungen von der Meeressohle aus aufgeschlossen wurde.

Die Zufahrtsbrücke mit Feldern von jeweils 25,0 m Spannweite wurde auf Stahlrohrpfählen ⌀ 1420 mm gegründet (Abb. 58). Sie wurden in ihrer Länge dem Untergrund angepaßt und in Bohrungen ⌀ 1800 mm, die nach dem Lufthebeverfahren mit Bohrmeißel 3,6 bis 6,5 m tief in den tragfähigen Kalkstein abgeteuft waren, einbetoniert. Die Pfahlherstellung unter Einsatz einer Hub-Schreitinsel ist in Abb. 58 erläutert.

Die 17 t schweren Stahlkastenträger des Überbaus wurden über die bereits fertiggestellte Brücke eingefahren (Abb. 57) und mit dem auf der Hubinsel montierten Kran auf in die Pfahlköpfe eingeschweißte Stahlquerträger abgesetzt.

Nur die auf Montagebau abgestellte Projektlösung in Verbindung mit dem Einsatz einer von der ausführenden Baufirma entwickelten Hub-Schreitinsel mit bis zu 5,0 m Vorschubweg und einem sorgfältig abgestimmten großzügigen sonstigen Geräteeinsatz und einem präzise erarbeiteten Baudurchführungsplan machte die Leistung unter den gegebenen Verhältnissen in der kurzen Bauzeit möglich.

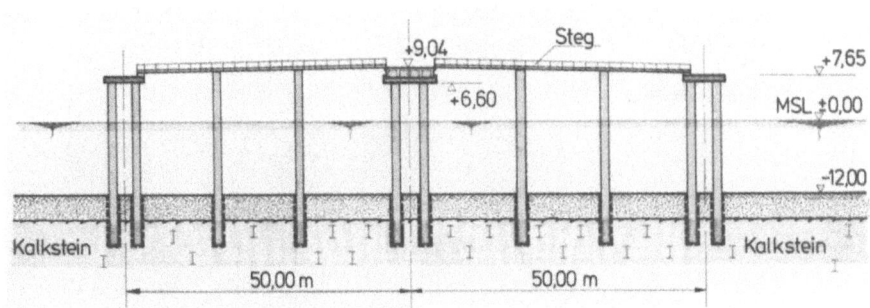

Abb. 55. Querschnitt durch die Verladeanlage

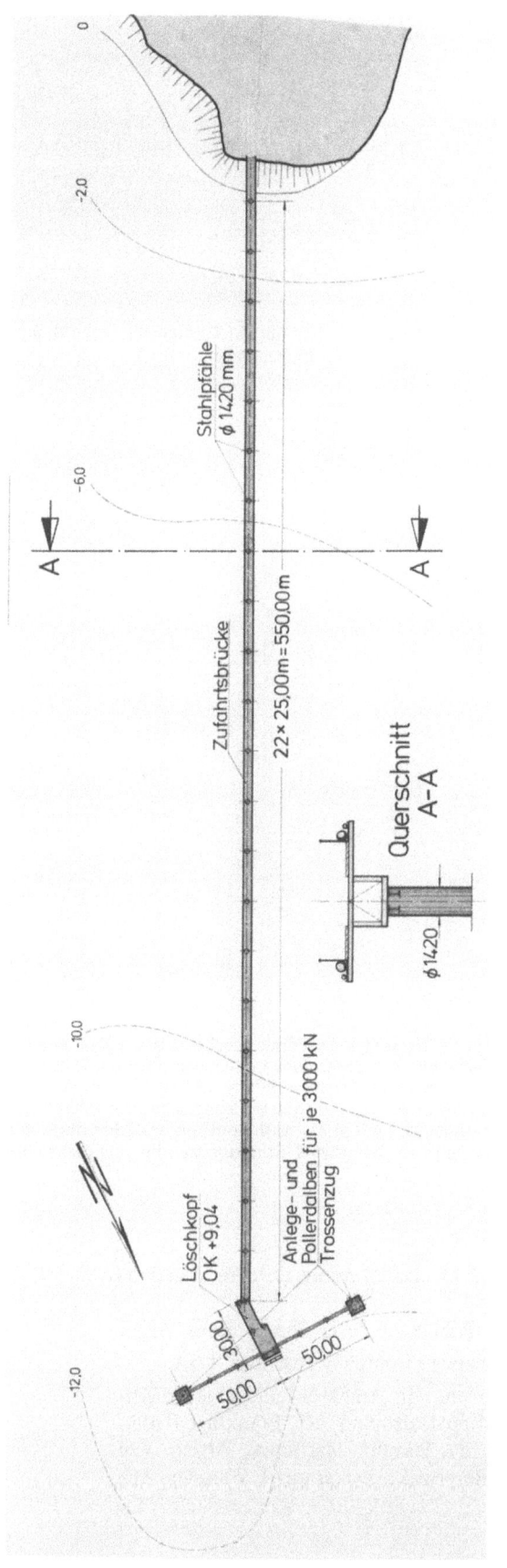

Abb. 56. Lageplan der Ölumschlaganlage

Abb. 57. Transport eines 25 m langen Überbauteils mit dem Spezial-Transportfahrzeug über die bereits erstellte Rohrbrücke zur Einbaustelle

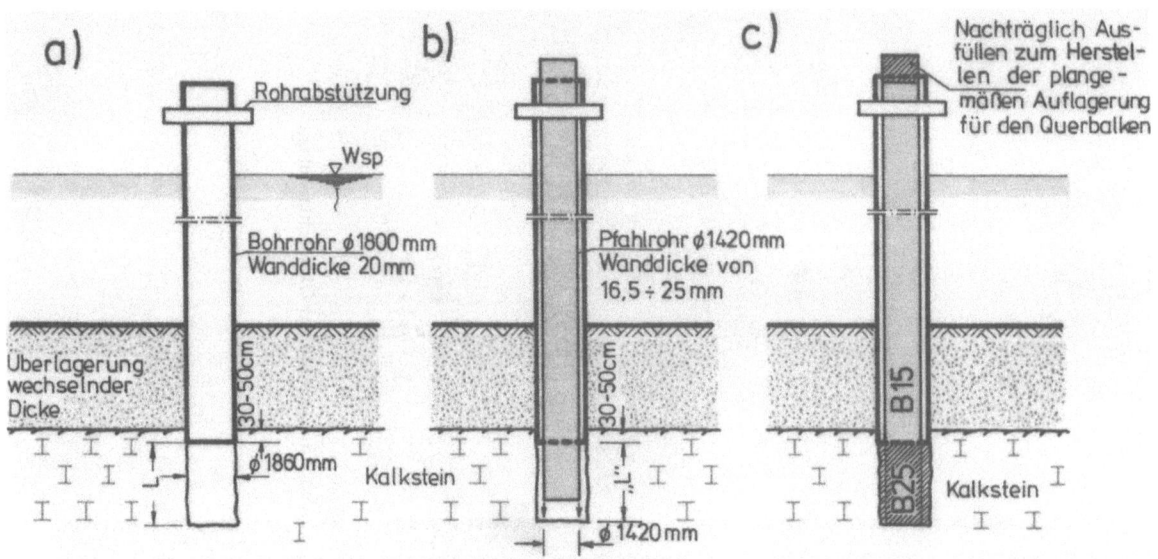

Abb. 58. Herstellen der Pfähle in schematischer Darstellung
a) Durchteufen der Überlagerung. Eindrücken des Bohrrohres in den angewitterten Kalkstein. Herstellen der Bohrung im Kalkstein mit Rollmeißel im Lufthebeverfahren. „L" nach statischer Berechnung.
b) Einsetzen der auf erforderliche Länge zusammengeschweißten Pfahlrohre Ø 1420 mm.
c) Ausbetonieren des Bohrrohres auf Höhe „L" mit B 25. Ausbetonieren des Pfahlrohres mit B 15, wobei das Pfahlrohr durch das Bohrrohr noch gegen Wellenangriff geschützt wird. Erhärtungszeit bis zum Ziehen des Bohrrohres rd. 24 Stunden

2.11 Hafen Arzew el Jedid, Algerien (Abb. 59)

Bauherr: Ministère des Travaux Publics et de la Construction, Algier

Beratende Ingenieure: Ralph M. Parsons Company Pasadena, USA

Bauausführende Firmen: Groupement Port Arzew el Jedid, eine Arbeitsgemeinschaft der Firmen Philipp Holzmann AG, Frankfurt (federführend); Société Nationale de Travaux Maritimes, Algier; Van Hattum en Blankevoort, BV, Beverwijk; Dyckerhoff & Widmann AG, München

Bauzeit: 1974 bis 1977

Projektwert: ~500 Mio DM

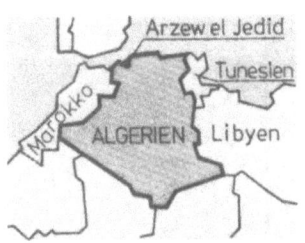

Abb. 59. Lageskizze

Beschreibung der Hafenprojekte

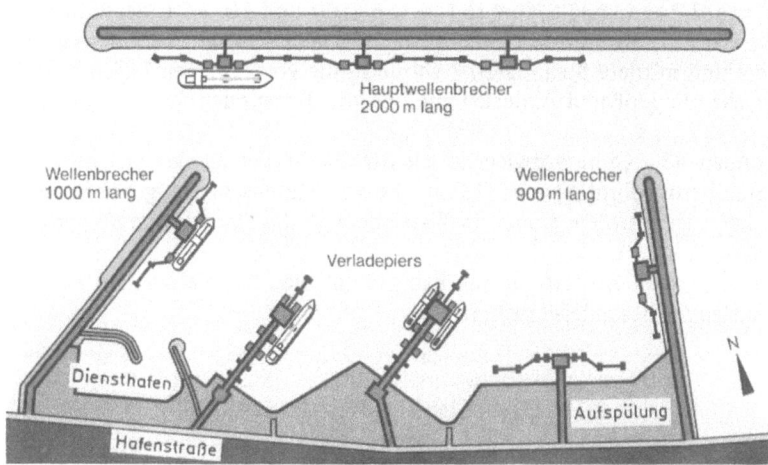

Abb. 60. Lageplan des Hafens

Der Hafen mußte vor allem zur Verladung von Flüssiggas in Großtankern errichtet werden. Das aus der Sahara über ca. 500 km in Pipelines herantransportierte Erdgas wird hierzu in Hafennähe durch Unterkühlen verflüssigt. Zusätzlich sollen aber auch Erdöl aus der Sahara und Raffinerieprodukte verladen werden.

Der Hafen ist im Endausbau ausgelegt für: (Abb. 60 bis 62)

6 Liegeplätze für Gastanker von 125 000 bis 200 000 m³ Inhalt und
4 Liegeplätze zur Verladung von Raffinerieprodukten in Tankern bis zu 250 000 dwt.

Die Hauptbaumassen betragen:

Steine	8 500 000 t
Beton	700 000 m³
Tetrapoden	22 000 Stck
Bohrpfähle Ø 1 m	1 240 Stck
Naßbaggerung:	
Fels	1 300 000 m³
Sonstiges	3 200 000 m³

Den Schutz gegen fallweise außerordentlich hohe Wellen bilden 3 Wellenbrecher (Abb. 61). Die dafür erforderlichen Steine wurden in einem 25 km entfernten Steinbruch gewonnen, das Material zum Auffüllen des Uferbereichs aus der Hafenbaggerung auf 13,5 m Wassertiefe. Der 2000 m lange Hauptwellenbrecher mußte in 25 m Wassertiefe errichtet werden. Alle Wellenbrecher sind Steinschüttkonstruktionen mit einem Kern aus unsortier-

Abb. 61. Bau der Wellenbrecher, Hafenbaukran beim Verkippen von Steinbruchmaterial

Abb. 62. Geräteeinsatz für die Bauarbeiten

tem Steinmaterial mit einem Stückgewicht bis 500 kg, abgedeckt durch mehrere Lagen sortierter Steine, abgestuft in den Größen von 0,2–1 t, 1–2 t, 2–4 t, 4–6 t, 6–10 t und 10–15 t. Seeseitig sind die Flanken zusätzlich mit Tetrapoden von 20, 30 und 48 t Stückgewicht abgedeckt. Das Kernmaterial wurde verklappt. Das anschließende kleinere und mittlere Steinmaterial wurde in die vorgesehenen Lagen mittels Spezialschiffen mit Deckladung eingebracht, die größeren Abdecksteine und die Tetrapoden mit besonderen Hafenbaukranen von der Dammkrone aus.

Die Anlegeplattformen 45 x 45 m, vorwiegend aus Stahlbeton-Fertigteilen errichtet, ruhen auf bis zu 45 m langen bewehrten Stahlbetonbohrpfählen ⌀ 1,0 m, die von Hubinseln aus gebohrt und von schwimmenden Betonieranlagen aus betoniert wurden, wobei im Wasserbereich die Mantelrohre als verlorene Schalung im Bauwerk verblieben.

Von der 120 Mio DM teuren Ausrüstung mit Baugeräten seien beispielsweise drei Hafenbaukrane mit 56 t Tragkraft bei 56 m Ausladung besonders erwähnt.

2.12 Hafen Cigading, West-Java (Abb. 63)

Bauherr: P.T.Krakatau Steel, Djakarta, Indonesien

Beratende Ingenieure: Salzgitter Consult GmbH in Zusammenarbeit mit Ed. Züblin AG, Bauunternehmung, Stuttgart

Bauausführende Firma: Ed. Züblin, Bauunternehmung, Stuttgart

Bauzeit: 1. Bauabschnitt = 1974 bis 1977; 2. Bauabschnitt = 1977 bis 1978

Projektwert: 1. Bauabschnitt = 40 Mio DM; 2. Bauabschnitt = 24 Mio DM

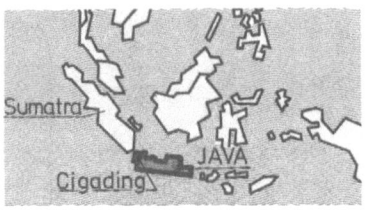

Abb. 63 Lageskizze

Der 1. Bauabschnitt (Abb. 64–66) der an der Nordwestecke von Java gelegenen Hafenanlage dient der Versorgung des Industriegebiets von Kota Baja mit angereichertem Eisenerz vor allem aus Südamerika und Australien in Schiffen bis 50 000 dwt und mit Stückgütern in Schiffen bis 12 000 dwt. Die Anlage besteht aus einer 300 m langen und 33 m breiten Pierplatte auf Stahlrohrpfählen mit Landanschlußbrücke und landseitigem Anschlußdamm.

Der 2. Bauabschnitt hat eine 270 m lange und 17,5 m breite Pierplatte und weist einen Tiefwasserliegeplatz zum Verladen von Schwammeisen auf.

Die Stahlrohrpfähle ⌀ 760 mm mit 12,7 mm Wanddicke sind rd. 30 m lang und spiralgeschweißt. In der Pierplatte sind die Pfahlköpfe durch Ortbetonbalken zu Pfahljochen in 4,70 m Abstand zusammengefaßt, die 18 cm dicken, 3,80 m langen und 1,34 m breiten Spannbetonplatten als Auflager dienen. Den oberen Abschluß der Platte bildet eine 27 cm dicke Ortbetonschicht.

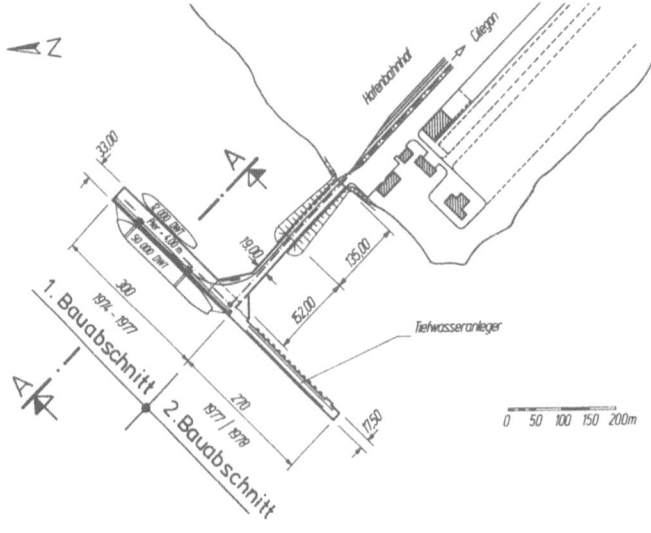

Abb. 64. Lageplan

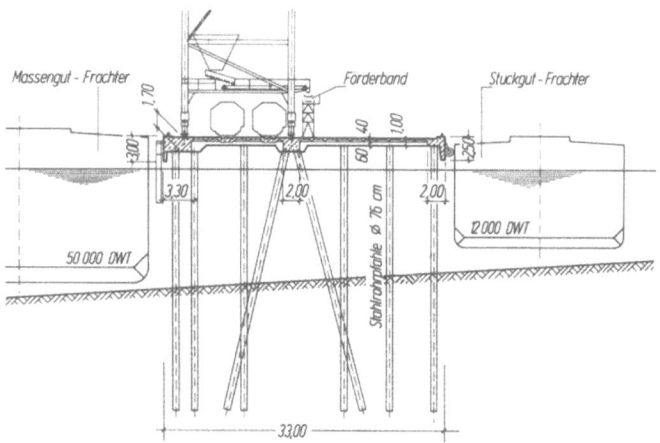

Abb. 65. Querschnitt A-A (1. Bauabschnitt)

Abb. 66. Luftaufnahme des fertigen 1. Bauabschnitts

Schwierig erwies sich die Versorgung der Baustelle mit Baugerät und Baumaterial. Sie mußte über einen etwa 20 km entfernt bei Merak liegenden kleinen Hafen vorgenommen werden, der an sich nur für die Versorgung von Bohrinseln ausgelegt und eingereicht war.

Das Bauvolumen umfaßte vor allem:

Stahlrohrpfähle Ø 760 mm		1 090 Stck
Beton u. Stahlbeton	ca.	16 750 m³
Betonstahl hierzu	ca.	2 100 t

2.13 Erweiterung des Bandar Imam Khomeini, Iran um 14 Liegeplätze (Abb. 67)

Bauherr: Iranische Regierung, vertreten durch das Verkehrsministerium und die ihm angegliederte Hafen- und Schiffahrtsverwaltung

Beratende Ingenieure: Dänische Beratende Ingenieure mit ihrer iranischen Tochtergesellschaft der Iran Kampsax Ltd., Teheran für Entwurf und Bauüberwachung eingesetzt

Bauausführende Firmen: Ed. Züblin AG, Bauunternehmung, Stuttgart (federführend) in Arge mit holländische Royal Adriaan Volker Group und zwei iranischen Baufirmen, die Lausanne & Co sowie die Rah va Sakhteman & Co

Bauzeit: 1975 bis 1979

Projektwert: ca. 300 Mio DM

Abb. 67. Lageskizze

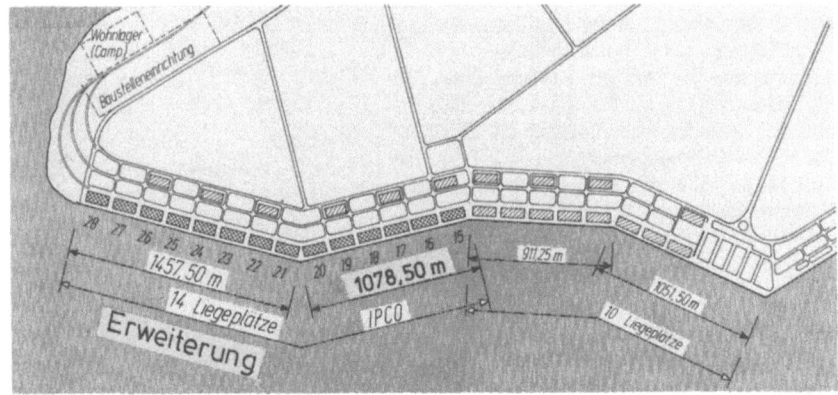

Abb. 68. Lageplan des Hafens mit Erweiterung

Das Bauwerk ist vor allem durch folgende Baumassen gekennzeichnet:

Stahlbetonpfähle 45/45 cm, 25 m lang	3 000 Stck
Vorgespannte Schleuderbetonhohlpfähle ⌀ 80 cm bis zu 30 m lang, versehen mit Kopfplatten 1,50 x 1,50 x 0,80 m	7 500 Stck
Stahlbetonkassettenplatten je 22 t	4 100 Stck
Versorgungstunnel 2,50/2,75 m, Wanddicke = 0,50 m, mit 175 Stück Stahlbetonfenderabstützteilen	2 500 lfdm
Ortbetonkaiplatte, 15 cm dick, auf den 25 cm dicken Kassettenplatten bzw. 50 cm dick an der Vorderseite der Kaiplatte	125 000 m³
Naßbaggerung und deren Aufspülung auf Deponien im Hinterland	4 000 000 m³
Böschungssicherung mit Filtermatratzen	55 000 m²
Verdichtete Erdaufschüttung für das Hafengelände mit Material aus 30 km Entfernung	2 000 000 m³

Die Erweiterung um 14 Seeschiffliegeplätze für Stückgutumschlag und dergleichen ist 2536 m lang (Abb. 68 u. 71). Bei der Kaianlage handelt es sich um eine überbaute Böschung mit 50 m breiter Pierplatte, die auf bis zu 30 m langen vorgespannten Schleuderbetonpfählen ruht. Die Pfähle binden in eine 20 bis 35 m mächtige, wenig tragfähige, äußerst feinkörnige Schwemmlandschicht (Flußschlamm des Euphrat, Tigris und Karun) ein, die teilweise von dünnen Sandschichten durchzogen ist. Sie ist von festem Ton unterlagert.

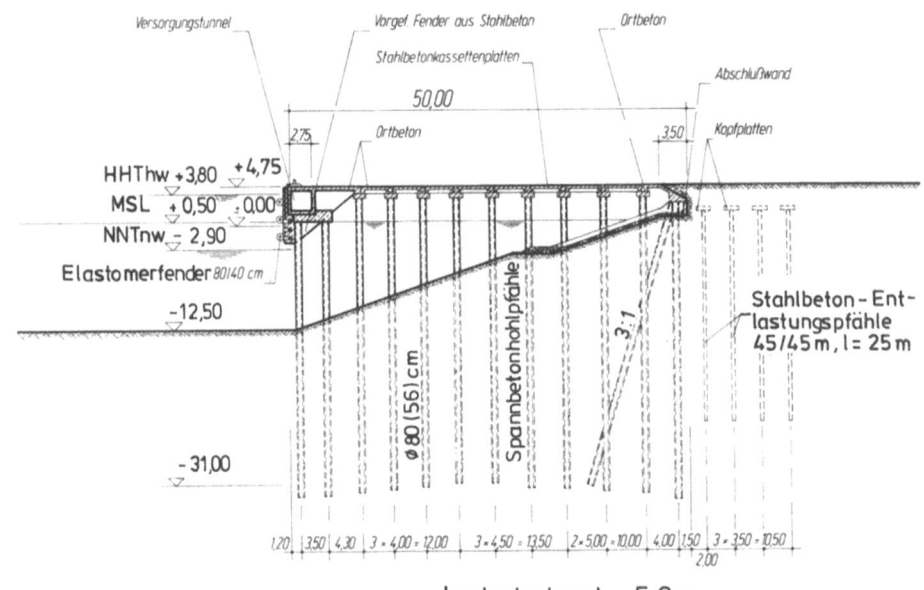

Abb. 69. Querschnitt im Bereich der Erweiterung

Abb. 70. Herstellen der Pfahlkopfplatten

Abb. 71. Anlage in Betrieb

Bei diesen Bodenverhältnissen mußten zur Erhöhung der Standsicherheit der Unterwasserböschung vor dem Rammen der Gründungspfähle 4 Reihen Entlastungs- und Vernähungspfähle hinter dem späteren Kaibauwerk eingerammt werden (Abb. 69). Sie wurden jeweils 2 m unter dem Hafenplanum zur Aufnahme der Nutzlasten mit einer Stahlbetonkopfplatte 1,80/1,80 m ausgerüstet.

Da sich der Boden trotz der Stützpfähle als nicht ausreichend standsicher erwies, wurden die im höheren Böschungsbereich liegenden Bauwerkspfähle in Vorbohrungen gerammt. Diese wurden mit einer Schnecke $\emptyset$ 65 cm (15 cm kleiner als die Pfahldicke), gestützt mit Bentonit-Zement-Suspension, bis etwa zur Hafensohle abgeteuft. Die Pfähle wurden von der Bohrungssohle aus noch 12 m tief eingerammt. Durch die geringere Bodenverdrängung konnten sowohl die Standsicherheitsprobleme bei der Böschung als auch die Terminschwierigkeiten beim Rammen zufriedenstellend gelöst werden, ohne daß die Pfahltragfähigkeit nachteilig beeinflußt wurde.

Zur Errichtung der Überbauplatte wurden vorgefertigte 22 t schwere Stahlbetonkassettenplatten ca. 4,0/5,0 m mittels Kran auf die Stahlbetonkopfplatten (Abb. 70) der Pfähle aufgelegt und anschließend eine durchlaufende kräftige Ortbetonschicht aufgebracht. Die vorgefertigten Tunnel- und Fenderelemente mit einem größten Gewicht von 70 t wurden mit einem 100-t-Schwimmkran eingebaut.

Die regional bedingten Nachschubprobleme und dadurch eintretende Verzögerungen konnten letztlich erfolgreich gelöst beziehungsweise ausgeglichen werden.

2.14 Erweiterung des Hafens Corinto, Nicaragua (Abb. 72)

Bauherr: Autoridad Portuaria Corinto, Nicaragua
Beratende Ingenieure: King & Gavaris, New York
Bauausführende Firma: Julius Berger-Bauboag AG, Hauptverwaltung Wiesbaden
Bauzeit: 1975 bis 1978
Projektwert: 83 Mio DM

Abb. 72. Lageskizze

Den Hafen Corinto können nun Schiffe bis 50 000 dwt anlaufen (Abb. 73, 74 und 75).

Die Erweiterung des vorhandenen Kais um 240 m in Form einer 39 m breiten überbauten Böschung (Abb. 73 und 74) ist vor allem für den Umschlag von Containern vorgesehen. Der natürliche Hafen Corinto bietet am Pazifik für ganz Mittelamerika auch verkehrsmäßig die günstigste Lage und ist daher als zentraler Containerumschlagplatz besonders geeignet.

Das Projekt umfaßte folgende Bauleistungen:

Vertiefung des Zufahrtskanals nach Corinto auf NN −14,60 m mit Hopperbagger ca. 1 200 000 m³
Naßbaggerung des Hafenbeckens vor dem Containerkai bis NN −13,35 m und für ein Wendebecken mit Cutter ca. 410 000 m³
Neubau einer 120 m langen und 6 m breiten Ölumschlagbrücke (Abb. 73 und 75) mit Fertigteilüberbau auf Spannbetonpfählen 45/45 cm, max l = 26 m, Pfahlanzahl 106 Stck

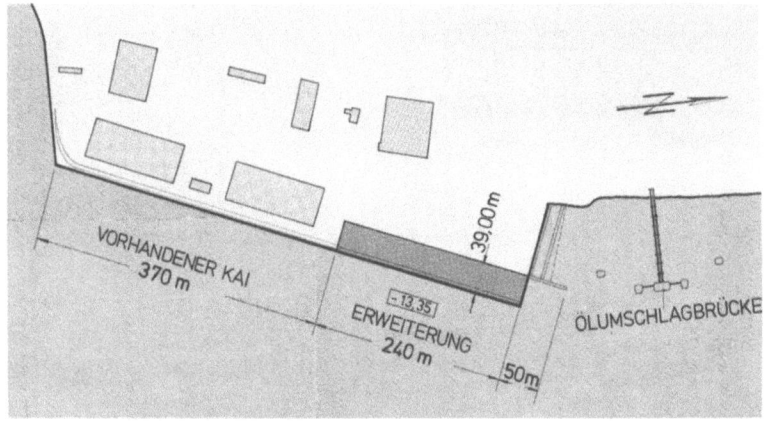

Abb. 73. Grundriß des Hafens Corinto mit Erweiterung

Abbruch einer bestehenden alten Kaianlage einschl. Pfahlgründung	ca. 3 200 m²
Neubau eines Containerkais 240 x 39 m, gegründet auf maximal 32 m langen Spannbetonpfählen 71/71 cm, Pfahlanzahl	592 Stck
6-geschossiges Verwaltungsgebäude aus Stahlbeton auf Pfahlgründung	5 600 m³
1-geschossige Maschinenbau-Werkstatt	9 000 m³
1 Stauergebäude	1 700 m³
Hofbefestigung in Macadambauweise	ca. 25 000 m²

Der Überbau des Containerkais ist als Trägerrost aus 3 Ortbetonlängsbalken und vorgefertigten Querträgern, die auf Fertigteil-Pfahlkopfplatten ruhen, ausgebildet. Die Deckplatte besteht aus vorgefertigten, vorgespannten, 5,90 m langen Pi-Platten mit Ortbetonabschluß (Abb. 74).

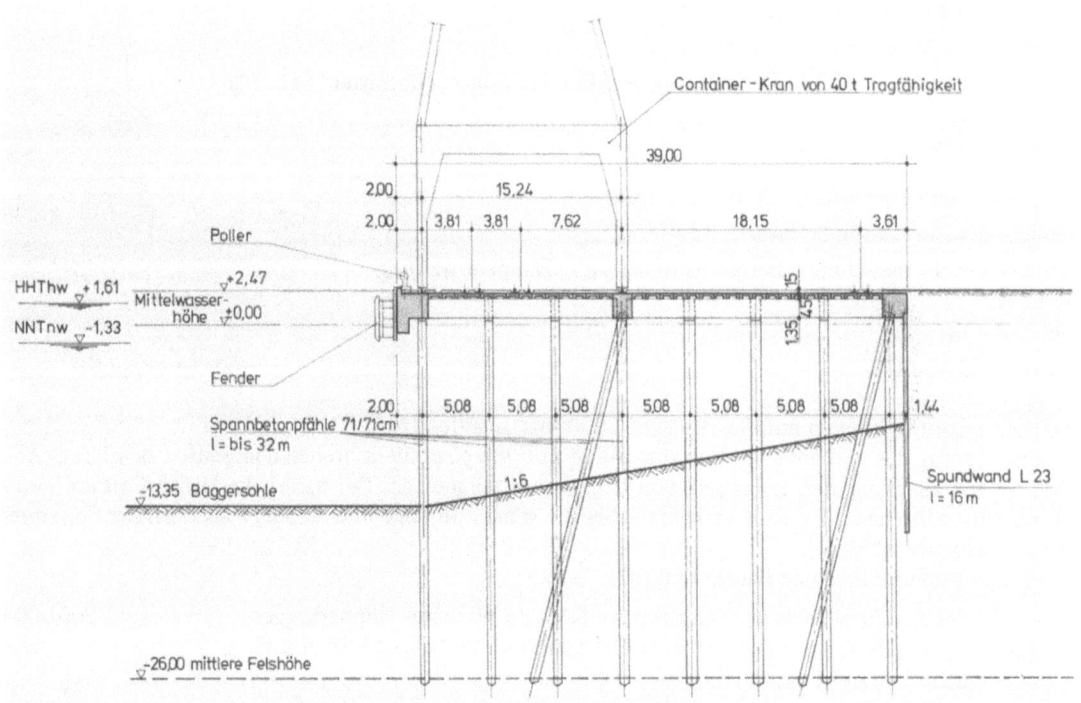

Abb. 74. Querschnitt der Hafenerweiterung

Abb. 75. Erweiterung des Hafens Corinto, Luftaufnahme vom November 1977

2.15 Hafen Apapa, 3. Ausbauphase, Lagos, Nigeria (Abb. 76)

Bauherr: Nigerian Ports Authority (NPA) Lagos/Nigeria

Bauüberwachung: Engineering Department Nigerian Ports Authority Lagos/Nigeria (Federal Ministry of Transport)

Beratende Ingenieure: Sauti Renardet Engineering Rom – Paris in Arbeitsgemeinschaft mit Olaniyan, Omotoso, Santos & Associates Lagos

Bauausführende Firma: Bilfinger + Berger Bauaktiengesellschaft, Auslandsbereich Wiesbaden

Bauzeit: 1975 bis 1979

Projektwert: 355 Mio DM

Abb. 76. Lageskizze

Die stark anwachsenden Umschlagmengen erforderten Mitte der 70er Jahre eine Verlängerung der seeschifftiefen Umschlagstrecke des Hafens Lagos um 1600 m. Davon entfielen 1005 m auf den Containerumschlag (5 bis 6 Liegeplätze) und 525 m auf den Stückgutumschlag (3 Liegeplätze). Zwischen beiden Kaibereichen wurde eine Ro-Ro-Anlage angeordnet (Abb. 77 u. 78). Die vorgesehene Hafensohlenlage vor den neuen Liegeplätzen auf NN −13,50 m gestattete einen Betrieb mit 25 000-dwt-Schiffen, wofür unter Ausnutzung der Tide im Zufahrtskanal und Wendebecken eine Sohlenlage auf NN −11,50 m ausreichte.

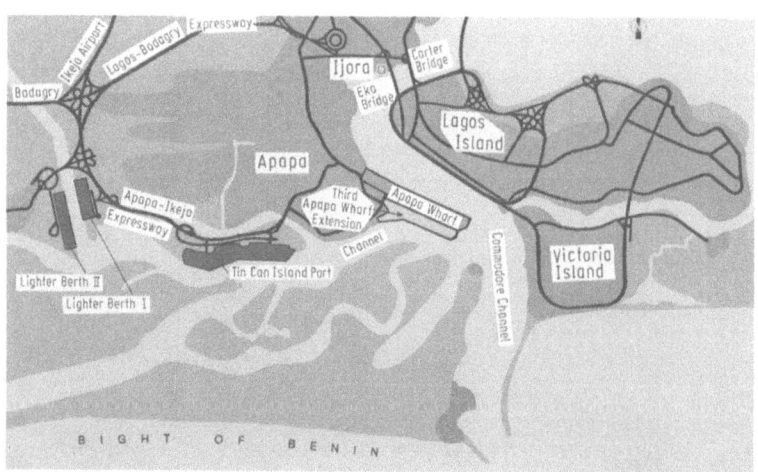

Abb. 77. Allgemeiner Übersichtsplan für das Hafengebiet Lagos

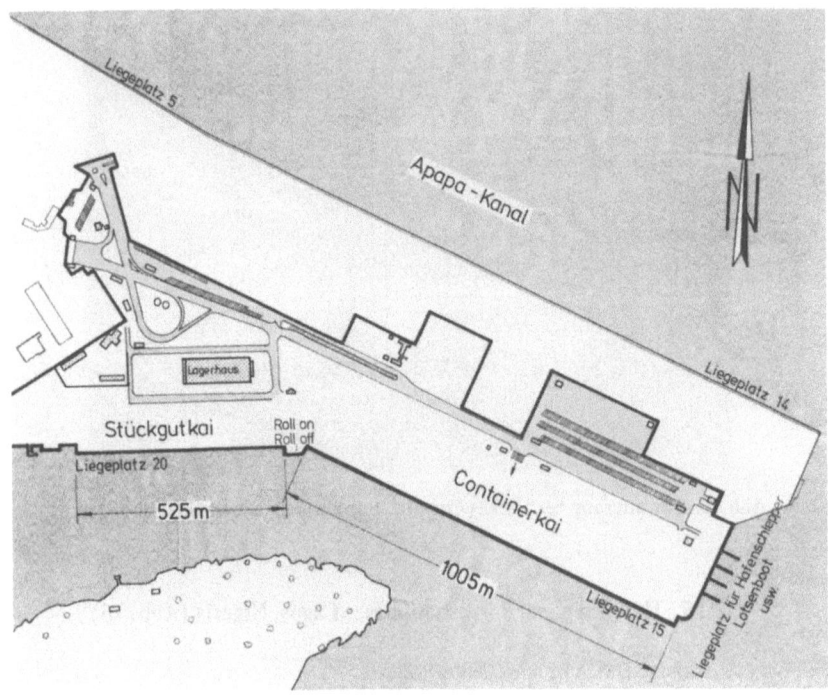

Abb. 78. Hafen Apapa-Lageplan

Das Projekt enthielt folgenden Leistungsumfang:

Naßbaggerungen vor den Liegeplätzen und im Wendebecken	11 Mio m³
Naßbaggerung im Zufahrtskanal	3 Mio m³
Landgewinnung durch Sandaufspülung aus den Naßbaggermengen	4 Mio m³
Stahlrammpfähle, Ø 1016 mm	11 000 t
Länge der gerammten Pfähle	33 000 m
Stahlbeton für die Kaianlage	31 000 m³
Spundwände	7 000 t
Spundwandfläche	36 000 m²
Dränage-Leitungsnetz	14 000 m
11-kV-Ringleitung	4 000 m
Lagerfläche mit Spezial-Betonplatten 2,0 x 2,0 m	226 000 m²
Straßen und Parkplätze mit Bitumen oder Betonbelag	226 000 m²
Überdachte Flächen mit Werkstätten und Hallen	12 000 m²
Gebäude-Flächen	8 000 m²
Umbauter Raum	100 000 m³

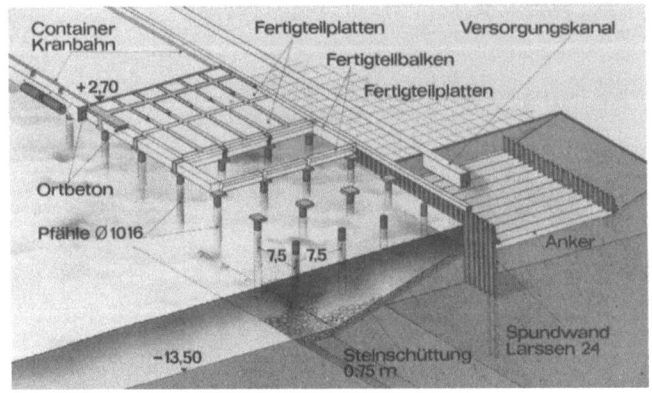

Abb. 79. Isometrische Darstellung der Kaianlage der 3. Erweiterung mit Bauphasen

Abb. 80. Luftaufnahme während der Bauausführung

Abb. 81. Luftaufnahme der fertigen Anlage

Das Projekt wurde von der Weltbank Washington mitfinanziert und von der bauausführenden Firma aus einer öffentlichen Ausschreibung hereingeholt. Der Landanschluß mit verankerter Stahlspundwand L 24 aus StSpS, l = 22,5 m, mit Rundstahlverankerung ⌀ 90 mm, l = 20,0 m, aus St 37-2, an eine Ankerwand L II neu, l = 4,50 m angeschlossen, entsprach einem Sondervorschlag der ausführenden Firma, während die übrige Kaianlage in der ausgeschriebenen Form ausgeführt wurde (Abb. 79). Diese führte hinsichtlich der Pfahlgründung beim vorhandenen Untergrund zu gewissen Schwierigkeiten. Im Lagunengebiet von Lagos finden sich oben auf 4 bis 10 m Tiefe sandige Ablagerungen, darunter 6–8 m dicke Schichten aus stark verfestigtem Ton über dicht gelagertem Grobsand, in dem die Pfähle ausschreibungsgemäß gegründet werden mußten. Die Pfähle ⌀ 1016 mm bestanden aus spiralgeschweißten Stahlrohren mit 12,6 mm Wanddicke mit einer unteren Fußverstärkung auf 25 mm. Sie waren 32 bis 36 m lang, mußten zulässige Pfahlkräfte zwischen 3500 und 5000 kN aufnehmen und ohne Rücksicht auf den Rammaufwand bis in die vertraglich festgelegte Tiefe gerammt werden. Anschließend wurden sie nach dem Lufthebeverfahren bis zum Fuß ausgebohrt, auf 17 m Tiefe mit Bewehrung versehen und bis oben hin ausbetoniert. Infolge der stark verfestigten Grenzschicht zwischen Ton und Grobsand waren aber etwa ein Drittel der gerammten Rohre trotz Verstärkung im Fußbereich gestaucht und auch sonst verformt, was die normale Bohrung behinderte und das Ausräumen bei diesen Pfählen erst mit Spezialmeißeln und Hochdruckspülwasser mit 20 atü ermöglichte. Die zunächst eingetretenen Verzögerungen konnten durch besondere Einsätze aber mehr als ausgeglichen werden.

Die sonstigen Bauarbeiten dieses umfassenden „Turn-Key-Projekts" liefen so zügig, daß das Projekt mit einer einjährigen Bauzeiteinsparung dem Bauherrn übergeben werden konnte (Abb. 80 und 81).

2.16 Hafenneubau Tin Can Island, Lagos, Nigeria (Abb. 76)

Bauherr: Nigerian Ports Authority (NPA) Lagos/Nigeria

Planung und Konstruktion: Julius Berger Nigeria Limited, mit Technischem Management durch Bilfinger + Berger Bauaktiengesellschaft Auslandsbereich Wiesbaden

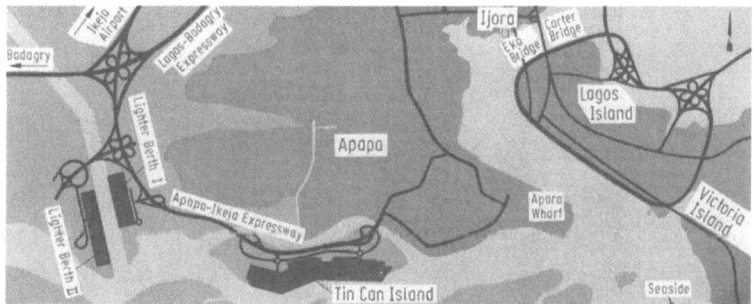

Abb. 82. Übersichtsplan des Hafens Lagos, einschließlich Tin Can Island

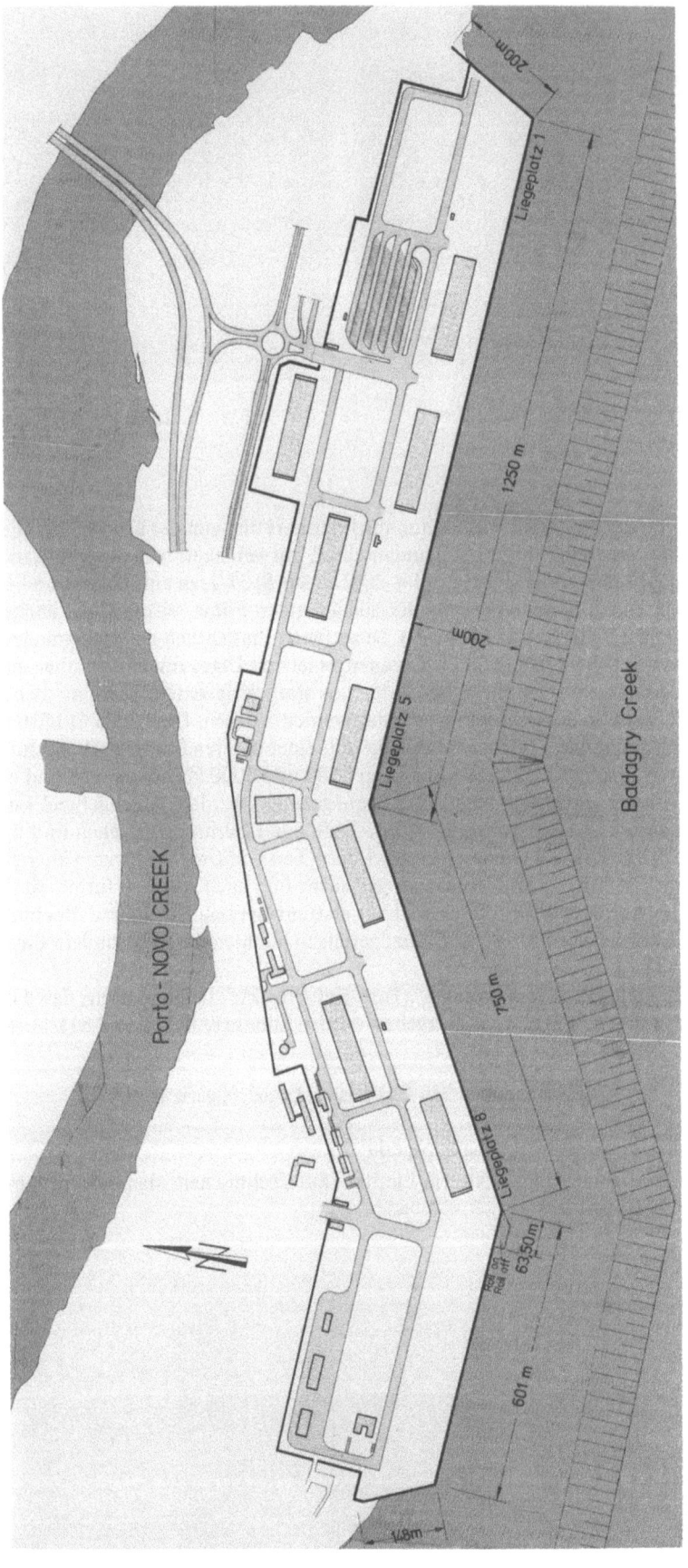

Abb. 83. Hafen Tin Can Island, Lageplan

Planungsprüfung und Bauaufsicht: NPA, verstärkt durch Tractionel (Societé de Traction et d'Electricité) Brüssel/Belgien

Bauausführende Firma: Julius Berger Nigeria Ltd. Lagos, Nigeria (Tochtergesellschaft der Bilfinger + Berger Bauaktiengesellschaft)

Bauzeit: 1976 bis 1977 (15 Monate)

Projektwert: 800 Mio DM; Lageskizze siehe Abb. 76

Die restlose Überlastung des Hafens Lagos im Jahre 1975, die zu monatelangen Wartezeiten von bis zu 400 Seeschiffen auf der Reede von Lagos — darunter auch von zahlreichen Zementschiffen — führte, veranlaßte die Regierung von Nigeria, den Ausbau der Mangroveninsel Tin Can Island (Abb. 82 und 83) zu einem leistungsfähigen Hafen schnellstens in Angriff zu nehmen. Diese Anlage sollte vor allem 10 seeschifftiefe Liegeplätze je 250 m und eine Ro-Ro-Anlage erhalten, die die erforderlichen Verkehrs- und Lagerflächen, die notwendigen Hochbauten und alle sonst erforderlichen Einrichtungen der Infra- und Suprastruktur sowie der Ver- und Entsorgung und der Hafenumschlagseinrichtungen umfaßte. Das Projekt wurde als Ideenwettbewerb an mehrere leistungsfähige Gruppen von Baufirmen einschließlich des vollen Engineerings ausgeschrieben. Den Auftrag erhielt 1976 die Firma Julius Berger Nigeria Ltd. mit der Auflage, das Projekt im Laufe von 15 Monaten schlüsselfertig zu liefern.

Das Bauvolumen umfaßte vor allem:

Insgesamt gerodete Fläche	181 ha
Naßbaggerung unbrauchbaren Bodens	5 Mio m³
Naßbaggerung des Zufahrtskanals und Wendebeckens	15 Mio m³
Sandaufspülung für Landgewinnung	10 Mio m³
Stahlprofile für Spundwand und Ankerwand	32 000 t
Gesamtlänge der Rammpfähle ⌀ 406 mm	106 000 m
Gesamtlänge verlegter Wasser-, Dränage- und Kabelrohre	65 000 m
Befestigte Betonflächen	595 000 m²
Umbauter Raum der Gebäude und Hallen	732 000 m³
Länge der Grenzmauer	3 600 m
Gesamter Beton	180 000 m³
Gesamt-Bewehrung	33 000 t

Als erstes mußten ca. 5 Mio m³ nicht tragfähigen Bodens in einer Fläche von 3000 × 400 m mittels Schneidkopfsaugbagger beseitigt und im benachbarten Mangrovengebiet deponiert werden. Anschließend wurden 10 Mio m³ Sand aus der 15 Mio m³ umfassenden Baggerung für das Wendebecken und die Hafenzufahrt aufgespült. Dann wurden die Hauptspundwand der Kaimauer, eine gemischte Wand aus den Profilen PSp 900 SV aus StSpS, 27 m lange mit Zwischenbohlen PZ 12 S aus StSp 37, l = 18 m, und die im Boden eingespannte Ankerwand aus PSp 800 S aus StSp 37, l = 20 m, im Abstand von 35 m hinter der Hauptspundwand gerammt und mit Rundstahlankern ⌀ 90 mm aus St 37-3 angeschlossen (Abb. 84).

Auf 15,6 m Abstand von der Vorderkante erhielt der Kai eine 0,50 m dicke am Ort betonierte Stahlbetonplatte, die auf gerammten spiralgeschweißten Stahlrohren ⌀ 406 mm mit 12,6 mm Wanddicke und wasserseitig auf der Kaimauerspundwand gegründet wurde (Abb. 84). Die übrigen Kaiflächen wurden mit einer 20 cm dicken Stahlbetonplatte mit 15 cm dicker Zementstabilisierung des Gründungsbodens versehen.

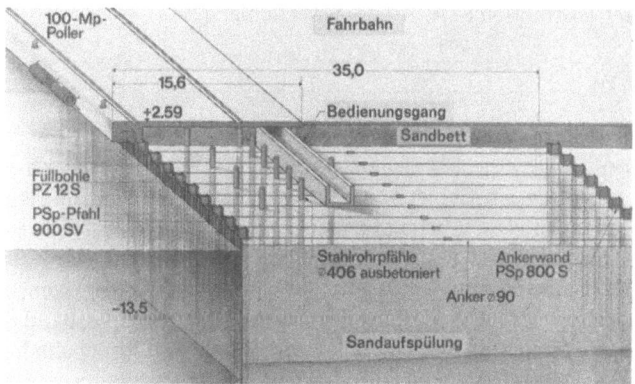

Abb. 84. Tin Can Island; Ausbildung der Kaimauer

Abb. 85. Fertige Anlage von Norden betrachtet   Abb. 86. Fertige Anlage von Osten betrachtet

Der geforderte Termin wurde unter zusätzlicher Einschaltung leistungsfähiger Subunternehmer gehalten (Abb. 85 und 86).

Die Planung, Berechnung, konstruktive Bearbeitung, der Einkauf, Transport, Umschlag im Baubereich, die Organisation des Geräte-, Material- und Personaleinsatzes und die Bauausführung erforderten neben qualifizierten Leistungen einen ungewöhnlich harten Einsatz aller Beteiligten und eine vorbildliche Zusammenarbeit zwischen dem Bauherrn und seinen Organen mit der beauftragten Firmengruppe, desgleichen innerhalb der Firmengruppe in Nigeria und in Deutschland. Nur so konnte diese enorme Leistung vollbracht werden.

2.17 Neue Hafenanlage Dammam, Saudi Arabien (Abb. 87)

Bauherr: Kingdom of Saudi Arabia, Ports Authority
Beratende Ingenieure: Sir Bruce White, Wolf Barry and Partner, London
Bauausführende Firmen: Arbeitsgemeinschaft Philipp Holzmann AG, Frankfurt, Deutschland (federführend); Interbeton B. V. Rijswijk, Niederlande; Archirodon Construction S. A. Athen, Griechenland
Bauzeit: 1976 bis 1980
Projektwert: ca. 2650 Mio DM

Abb. 87. Lageskizze

Bedingt durch den wesentlich gestiegenen Bedarf infolge des Ölbooms sah sich die Regierung des Königreichs Saudi-Arabien 1975 veranlaßt, im Gebiet von Dammam eine weitere in der freien See befindliche Hafenanlage international auszuschreiben. Der Auftrag für den vollständigen schlüsselfertigen Bau einschließlich der gesamten Infra- und Suprastruktur sowie der Ver- und Entsorgungsanlagen wurde einer Arbeitsgemeinschaft unter der Federführung der Firma Philipp Holzmann AG, Frankfurt, übertragen, wobei die Bauzeit 1976 beginnend auf 4 Jahre festgelegt wurde. Der Umfang des riesigen, 8 km vom Festland entfernten Projekts ist aus Abb. 88 ersichtlich. Zum Landanschluß wurde ein Deich mit Straße und Eisenbahn hergestellt. Die vorhandene Wassertiefe betrug 4 bis 12 m. Das Hafenbecken wurde auf 12 bzw. 14 m Wassertiefe ausgebaggert. Die Aushubmengen wurden für das Aufspülen des neuen Hafengeländes verwendet.

Abb. 88. Neuer Hafen Dammam, schematische Darstellung der Anlage im derzeitigen und in einem geplanten späteren Ausbau
1 Kaimauer 3100 m lang, **2** Kaimauer 500 m lang, **3** Kaimauer 800 m lang, **4** Wellenbrecher 6000 m lang, **5** Fertigungsplatz der Senkkästen

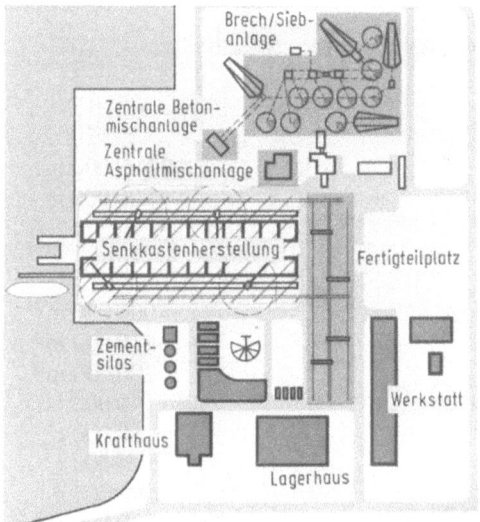

Abb. 89. Fertigungsplatz der Schwimmkästen

Abb. 90. Wagen zum Transport der 2700 t schweren Schwimmkästen zum Synchrolift

Abb. 91. Synchrolift mit 14 synchronisierten Elektrowinden beim zu Wasser-Bringen eines Schwimmkastens

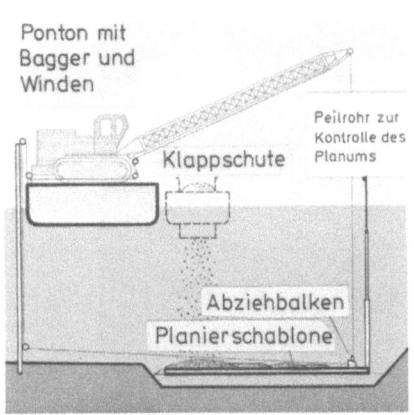

Abb. 92. Vorbereiten des Seebodens für das Absetzen eines Schwimmkastens (zunächst auf dem Baugrund 75 cm Steinmaterial, darüber 25 cm eben abgezogene Ausgleichschicht)

Abb. 93. Absenken eines mit Schleppern herangebrachten Schwimmkastens mit Wasserballast über eine elektronisch gesteuerte Pumpstation auf Ponton

Zu errichten waren:

Schiffsanlegeplätze für Schiffe von 65 000 dwt	16
Roll-on-Roll-off-Plätze	3
Stahlhallen	12
Gebäude	50
Straßen und Plätze	2 100 000 m²
Versorgungsleitungen	500 000 m
Containerkrane	4

Die Baumassen betrugen:

Bodenbewegung	7 000 000 m³
Stahlbeton	450 000 m³
Asphaltbeton	200 000 m³
Bewehrungsstahl	40 000 t
Stahlkonstruktionen	10 000 t
Stahlrohre	4 000 t
Rohrleitungen	500 000 m
Steinfilter	300 000 m³

Das Schwergewicht der Arbeiten stellte die Errichtung der insgesamt 3900 m langen Kaimauer in 20 m langen, 14 bis 17 m breiten und 18 bzw. 20 m hohen Blöcken dar. Hierfür wurde eine vollmechanisierte Schwimmkastenbauweise angewendet, mit der 100 m Kaimauer pro Woche hergestellt werden konnten (Abb. 89 bis 94).

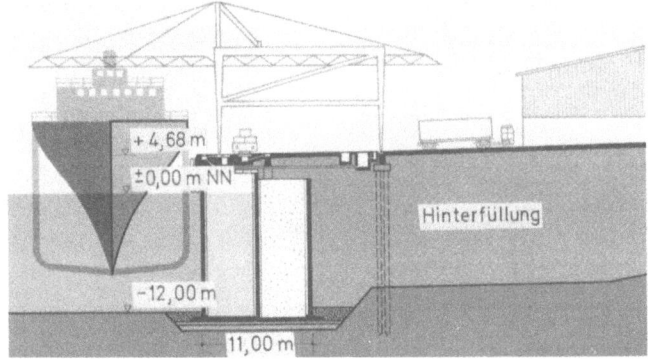

Abb. 94. Fertiger Kaimauerquerschnitt

Beim großen Bauvolumen und der dafür ungewöhnlich kurzen Bauzeit waren außerordentlich schwierige organisatorische, technische und logistische Probleme zu lösen. Die Bauarbeiten begannen zunächst mit dem Aufspülen einer Insel aus dem Aushub für die Hafenbecken. Darauf wurde in 9 Monaten die umfangreiche Baustelleneinrichtung einschließlich eines 5,5 MW-Kraftwerks und eines Baustellen-Versorgungshafens für Schiffe bis zu 7000 dwt erstellt.

Die Steine für das zu brechende Steinmaterial wurde zum Teil aus einem 500 km entfernten Steinbruch per Schiff herangebracht.

Weiteres kann den Abb. 88 bis 94 entnommen werden. Die Arbeiten liefen planmäßig.

2.18 Erweiterung des Hafens „Mina Raysut", Salalah, Sultanat Oman (Abb. 95)

Bauherr: Ministry of Communication, Muscat
Beratende Ingenieure: Codema International GmbH, Frankfurt
Bauausführende Firma: Hochtief Aktiengesellschaft vorm. Gebr. Helfmann, Essen
Bauzeit: 1976 bis 1980
Projektwert: ca. 230 Mio DM

Abb. 95. Lageskizze

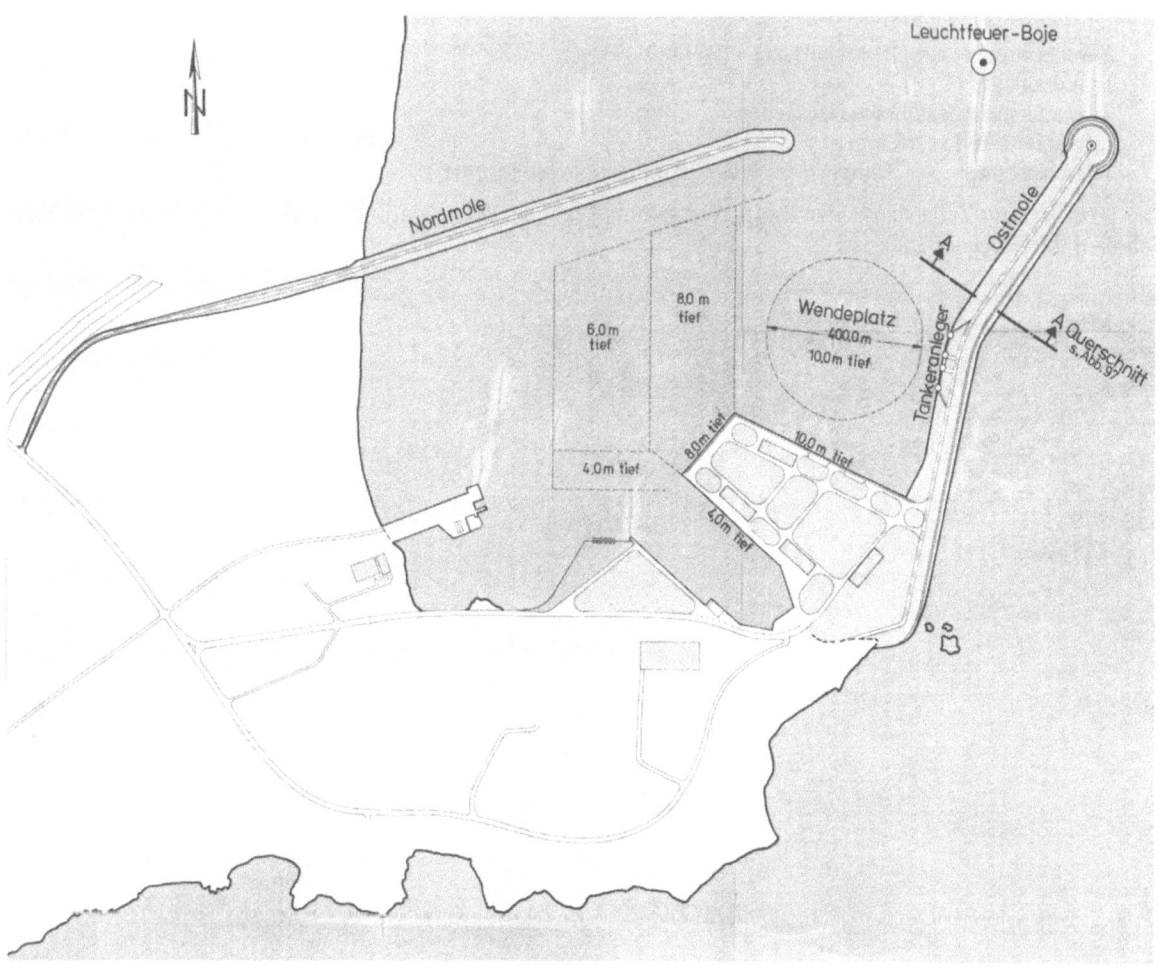

Abb. 96. Lageplan der Hafenerweiterung

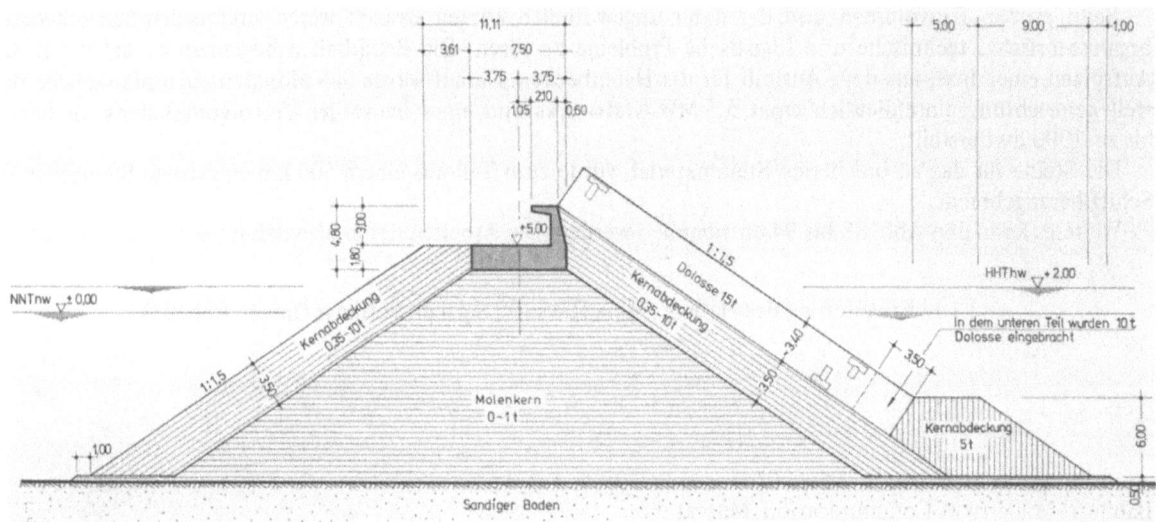

Abb. 97. Querschnitt A-A durch die Ostmole (Lage des Querschnitts s. Abb. 96)

Im Jahre 1976 wurde die Hochtief AG Essen vom Sultanat Oman beauftragt, eine Studie zur Erweiterung des bisher kleinen Hafens Raysut für eine Umschlagsleistung von 1 Mio t/Jahr zu erstellen. Diese Studie wurde gemeinsam mit der Codema International GmbH, Frankfurt, ausgearbeitet. Letztere führte auch die gesamten Planbearbeitungen für die Ausführung durch. Die Hafenerweiterung umfaßte folgendes (Abb. 96):

2 Wellenbrecher aus Steinschüttung, insgesamt	2 500 m
Tankeranleger	1
Kaimauern aus Stahlbetonfertigteilen	1 250 m
aufgeschüttete Lagerflächen	140 000 m²
4 Transitschuppen je 3000 m² aus Spannbetonfertigteilen montiert	12 000 m²

Dazu kamen: Zollgebäude, Werkstatt, Verwaltungsgebäude, Polizeistation, Pumpenhaus, Schaltanlage, Hafenstraßen, Molenleuchtfeuer usw.

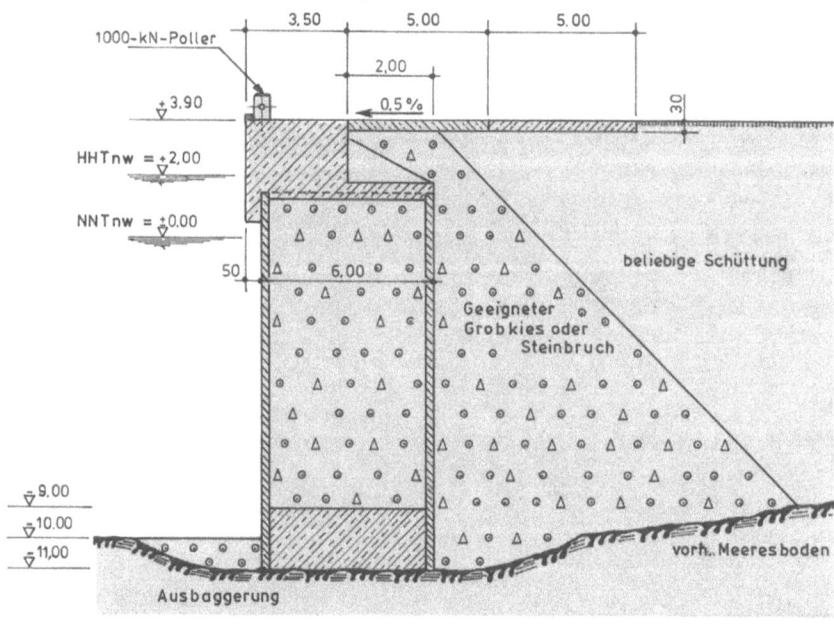

Abb. 98. Querschnitt der Kaimauer mit 10 m Wassertiefe

Abb. 99. Luftaufnahme vom fertigen Zustand

In der Monsunzeit treten in Raysut 7,5 m hohe Wellen auf, die sich bei direkt anlaufenden Wirbelstürmen bis auf 11 m Höhe steigern.

Die Ausbau-Hafenwassertiefe beträgt −4,0 bis −10,0 m, letztere für den Verkehr mit üblichen Stückgutseeschiffen.

Die schweren Baugeräte und auch verschiedene Baumaterialien wurden in Rotterdam auf einen 76 m langen und 24 m breiten Ponton verladen und in 35 Tagen direkt zur Baustelle geschleppt.

Das Molenschüttmaterial aus Kalkstein wurde ca. 2,5 km von der Hafenbaustelle entfernt in zwei Terrassen abgebaut.

Den Molenquerschnitt zeigt Abb. 97. Das Kernmaterial wurde mit 280-m^3-Schuten verklappt, die erste Deckschicht mit 35-t-Hinterkippern eingebracht und die seeseitige Fußsicherung mit Steinzangen. Die 10 bis 20 t schweren Dolosse wurden mit Spezialwagen vom Lagerplatz herangefahren und mit einem Raupenkran eingebaut. An den Molen wurde abwechselnd 3 Tage geschüttet und versetzt und anschließend 3 Tage lang der betonierte Molenkopf vorgestreckt.

Die Kaimauern (Abb. 98) bestehen aus an Ort betonierten Pierplattenbalken und darunter aus ca. 100 t schweren U-förmigen Stahlbetonfertigteilen, die zunächst auf eine Schute verladen zur Einbaustelle transportiert, dort mit einem Schwimmkran sehr genau eingesetzt und schließlich jeweils 2 m hoch mit eingepumptem Unterwasserbeton und darüber bis zur Oberkante mit Kies verfüllt wurden.

Auch der Tankeranleger für 35 000-dwt-Schiffe wurde aus schweren Stahlbetonfertigteilen hergestellt. Die fertige Hafenerweiterung wurde 1 Monat vor dem Vertragstermin dem Bauherrn übergeben (Abb. 99).

2.19 Hafenneubau Warri, Nigeria (Abb. 100)

Bauherr: Nigerian Ports Authority (NPA) Lagos/Nigeria (Federal Ministry of Transport)

Planung und Ausführungsentwurfsbearbeitung: Engineering Department, Nigerian Ports Authority, Lagos/Nigeria und Bilfinger + Berger Bauaktiengesellschaft Auslandsbereich Wiesbaden

Planungsprüfung und Bauaufsicht: Engineering Department der NPA verstärkt durch SNC, Surveyor, Nenninger & Chênevert Inc., Consultants Montréal/Canada; Enplan Group, Consulting Engineers Lagos/Nigeria

Bauausführende Firmen: Julius Berger Nigeria Ltd. Lagos/Nigeria (Tochtergesellschaft der Bilfinger + Berger Bauaktiengesellschaft)

Bauzeit: 1977 bis 1979

Projektwert: 304 Mio DM

Abb. 100. Lageskizze

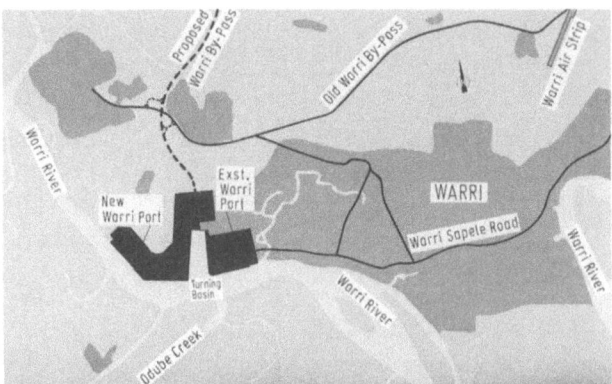

Abb. 101. Hafenneubau Warri; Übersichtsplan

Im Zuge des Hafenausbauprogramms im Nigerdelta wurde im Mai 1977 der Julius Berger Nigeria Ltd. Lagos der Auftrag für die Planung und schlüsselfertige Herstellung der Erweiterung der Hafenanlagen von Warri, einem Industrie- und Erdölzentrum im Delta, erteilt. Der Auftrag umfaßte vor allem folgendes (Abb. 101 u. 102):

Landgewinnung für den Hafenbereich
6 Seeschiffsliegeplätze à 250 m mit 11,5 m Wassertiefe einschließlich 1 Ro-Ro-Anlage
2 Anleger für Hafenboote
Befestigte Geländeflächen von über 300 m Breite, ab Wasserlinie
6 Lagerhallen je 180 x 40 x 10 m und etwa 30 weiteren Hochbauten einschließlich eines 37 m hohen Kontrollturms mit 2 Plattformen
Vollständiges Wasserversorgungssystem mit 2 Tiefbrunnen und Wasserturm sowie die sonstigen Ver- und Entsorgungsleitungen
Dieselkraftwerk 3 MW mit Verteilungsnetz für die Stromversorgung einschließlich 30 Flutlichttürmen
Interne Straßen und deren Anschluß an die Umgehungsstraße
Umzäunung

An Baumassen seien erwähnt:

Beseitigung nichttragfähigen Bodens	5,4	Mio m³
Ausbaggerung für Hafenzufahrt und Wendebecken	6,0	Mio m³
Sandauffüllung zur Landgewinnung und zum Bodenersatz	5,6	Mio m³
Stahlspundwände	4 500	t
Schleuderbetonpfähle	26 200	m
Stahlpfähle	20 700	m
Beton und Stahlbeton	126 000	m³
Bewehrungsstahl	8 500	t
Versorgungs- und Entsorgungsleitungen	68 000	m
Lager- und Parkflächen	270 000	m²
Gebäude und Hallen	449 000	m³

Beim Hafenneubau Warri wurden bezüglich der Kaikonstruktionen die beim Projekt Apapa und, was den Bodenersatz anbelangt, die beim Projekt Tin Can Island gemachten Erfahrungen sinnvoll ausgenutzt. Auch hier wurde der nichttragfähige Boden etwa 6 m tief mit Schneidkopf-Saugbaggern abgeräumt und auf kurzem Weg auf benachbartes Sumpfgebiet gespült, wobei das dazwischenliegende Hafenbecken unterdückert wurde. Anschließend wurde das Neubaugelände bis +4,00 m mit Sand, der aus der Hafen- und Zufahrtsbaggerung bis −11,50 m stammte, aufgespült.

Die Kaiüberbaukonstruktion wurde noch weitergehender als in Apapa auf Fertigteilbau abgestellt (Abb. 103). Zur Gründung wurden bis zu 26,0 m lange Schleuderbetonpfähle ⌀ 91,4 cm mit 13 cm Wanddicke verwendet, die aus 5-m-Stücken, an den Stößen mit einem Spezialkitt versehen, mittels Spanngliedern auf volle Länge zusammengespannt wurden. Die Pfähle wurden von einem Subunternehmer in den USA hergestellt und auf Pontons über den Atlantik zur Baustelle transportiert. Dort wurden sie unter Einsatz eines ausreichend langen Mäklers mit einem 11,3 t schweren Dampfzylinderbär mit Unterstützung durch Hochdruckspülung vom Wasser aus etwa auf die anhand von Bodenaufschlüssen vorgesehene Tiefe gerammt und dabei die Tragfähigkeit zur Aufnahme der Nutzlast von 3000 kN durch Rammkriterien überprüft. Anschließend wurden sie am Kopf in planmäßiger Höhe mit einer Trennscheibe gekappt, die Fertigbeton-Kopfplatte mit einem Dorn angeschlossen (Abb. 103 u. 104) und die darauf liegende Pierkonstruktion aus Fertigteilen montiert, wobei lediglich noch die

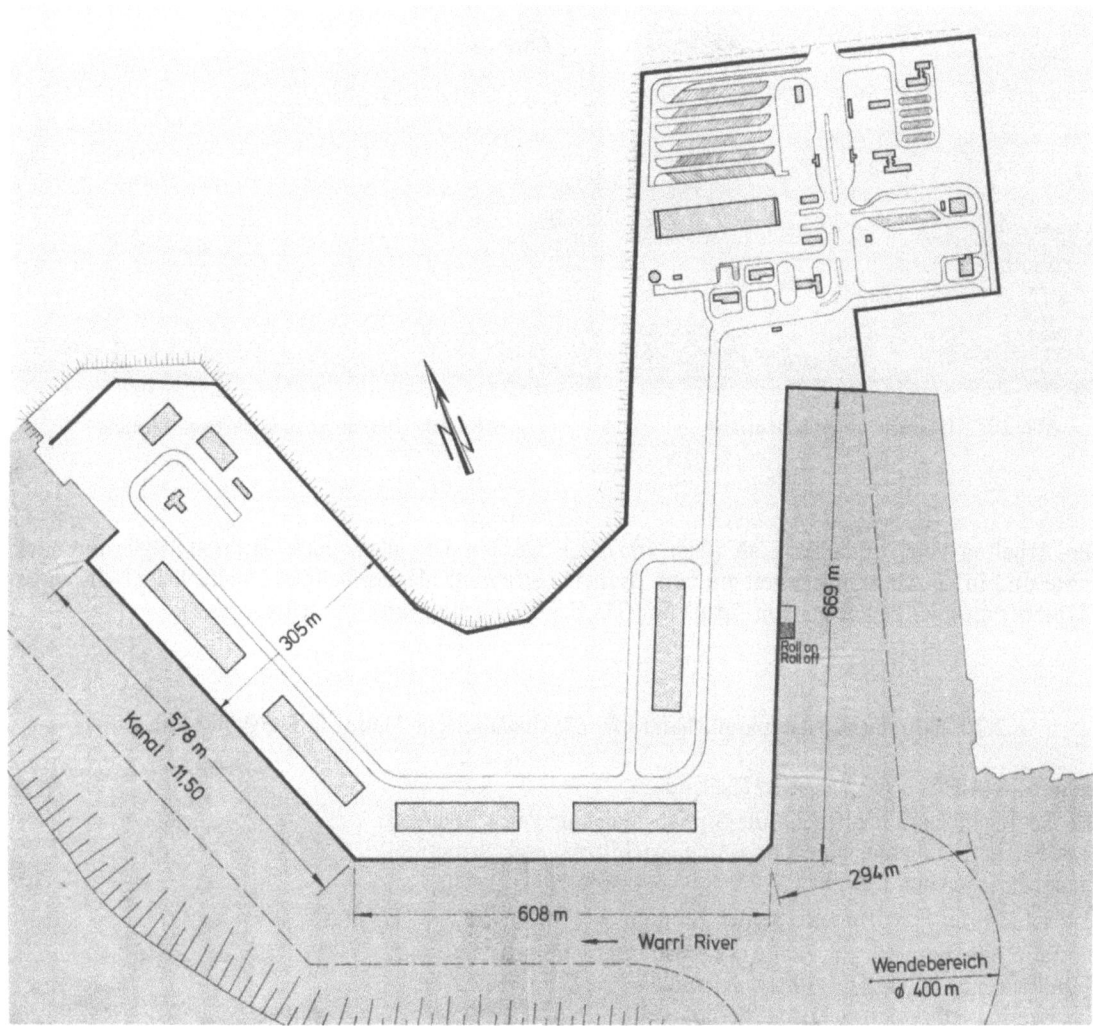

Abb. 102. Lageplan des Hafenneubaues

Stoßfugen mit Beton vergossen und eine 25 cm dicke Deckschicht aus Ortbeton aufgebracht wurde. Wegen der schwierigen Versorgung mit Bruchsteinmaterial – es mußte aus 150 km Entfernung (und die Betonzuschläge 300 km weit aus Lagos) herangeschafft werden – wurde die Unterwasserböschung mit sogenannten „Fabriform-Matten" gesichert. Das sind Matratzen aus Nylongewebe, die auf volle Böschungshöhe in einem Stück verlegt und mit einem hydraulisch bindenden Mörtel verfüllt wurden.

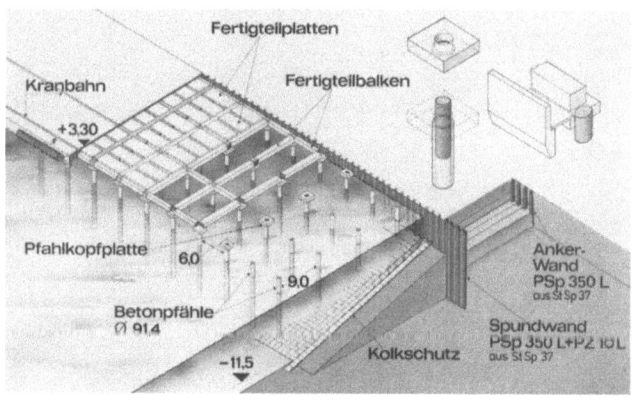

Abb. 103. Schema der Kaikonstruktion

Abb. 104. Hafenneubau im Bauzustand

Abb. 105. Hafenneubau im fertigen Zustand

Die Arbeiten liefen planmäßig ab (Abb. 105). Sie wurden vor allem auch dadurch begünstigt, daß das erprobte und in der Zusammenarbeit mit dem Bauherrn erfahrene Management und vielfach auch die eingespielten Arbeitstrupps der Baustellen von Apapa und Tin Can Island eingesetzt werden konnten.

2.20 Neubau eines Reparaturhafens für die thailändische Marine in Bangkok (Abb. 106)

Bauherr: Royal Thai Navy Bangkok/Thailand

Beratende Ingenieure: Electroconsult S.p.A., Mailand; Peter Fraenkel and Partner, London und Consulting Architects and Structural Engineers Associate Ltd., Bangkok

Bauaufsicht: Peter Fraenkel and Partner, London

Bauausführende Firmen: Ed. Züblin AG Bauunternehmung, Stuttgart (federführend) in Arge mit Christiani und Nielsen (Thai) sowie Delta Engineering Bangkok und DIAG, Berlin

Bauzeit: 1978 bis 1981

Projektwert: 200 Mio DM (für den Bauteil)

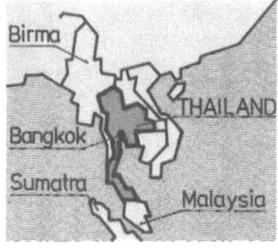
Abb. 106. Lageskizze

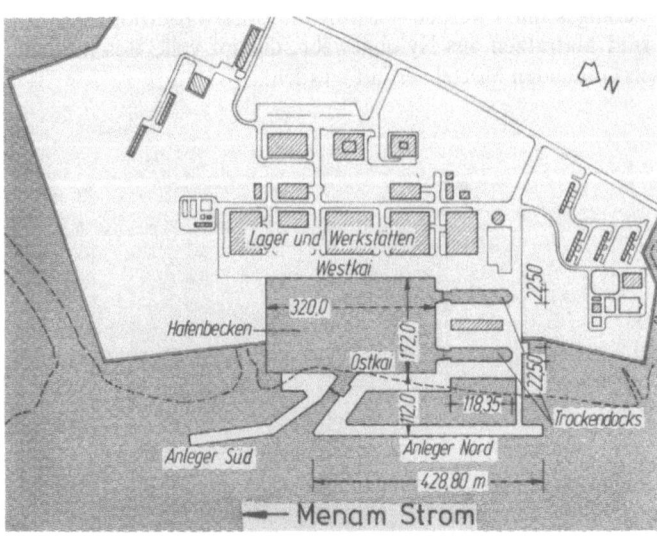
Abb. 107. Lageplan des Reparaturhafens

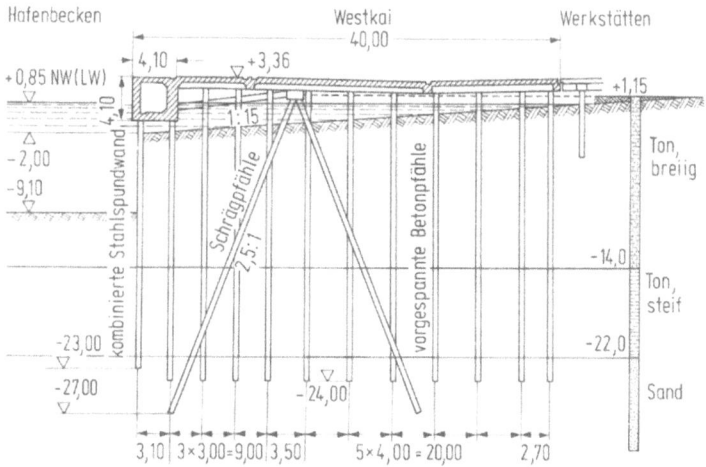

Abb. 108. Querschnitt der Kaimauer

Abb. 109. Kaimauer im Bauzustand

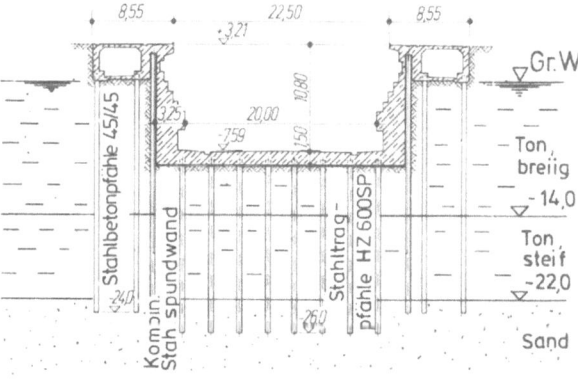

Abb. 110. Trockendockquerschnitt

Abb. 111. Blick auf die Baustelle von Norden

Aus verkehrstechnischen Gründen mußte ein für größere Schiffe anlaufbarer Reparaturhafen der Königlich-Thailändischen Marine vom Stadtgebiet Bangkok nach der Mündung des Menam hin verschoben angelegt werden. Der neue Standort wurde etwa 30 km vom Stadtzentrum Bangkoks entfernt gewählt. Die Anlage war schlüsselfertig zu liefern und umfaßte für den Bauteil (Abb. 107 bis 111) im wesentlichen folgendes:

zwei Trockendocks (Abb. 110 u. 111)
die Kaianlagen innerhalb des von den Gezeiten weitgehend unabhängigen Beckens (Abb. 108 u. 109) mit Sperrwerk
die Anlegeplätze an der Flußseite
Reparaturwerkstätten
die vollständige Wasserver- und -entsorgung
die gesamte Stromversorgung und -verteilung usw.

An Baumassen fielen für die Hafenbauarbeiten an:

Aushub im Trockenen		265 000 m³
Aushub unter Wasser		145 000 m³
Stahlpfähle		5 500 Stck
	bzw.	18 400 t
Spannbetonpfähle 45 x 45 cm		6 500 Stck
40 x 40 cm		5 700 Stck
sonstige		2 000 Stck
Ortbetonarbeiten		165 000 m³
Betonstahl hierzu		16 000 t
Betonfertigteile		27 000 m³
Betonstahl hierzu		4 600 t
Stahlwasserbau		360 t

Die Sohlen der Trockendocks (Abb. 110) wurden auf Stahlpfählen gegründet und mit diesen gegen Auftrieb gesichert.

2.21 Seeschiffanleger für eine Düngemittelfabrik in Aqaba, Jordanien (Abb. 112)

Bauherr: Jordan Fertilizer Industry Company Ltd. Amman
Beratende Ingenieure: Consulting Engineers Parsons Brown & Newton, London
Bauausführende Firmen: Fa Spie-Batignolles Paris, Generalunternehmer; Ed. Züblin AG, Bauunternehmung, Stuttgart (federführend) und Jord. National Engineering and Contracting Co
Bauzeit: 1978 bis 1980
Projektwert: 90 Mio DM

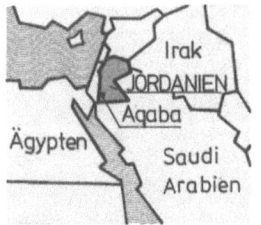

Abb. 112. Lageskizze

Beschreibung der Hafenprojekte

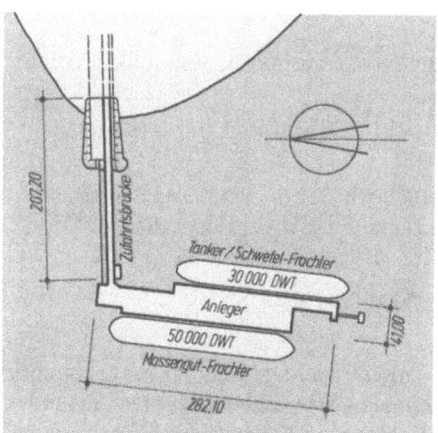

Abb. 113. Lageplan des Anlegers

Um die Exportchancen für Düngemittel auf Phosphatbasis auszunutzen, erteilte der Bauherr, dessen Hauptanteilseigner der Jordanische Staat ist, 1978 den Auftrag zur Errichtung einer großen Kunstdüngerfabrik im „Wadi 2", einem Wüstental ca. 17 km südlich von Aqaba. Die zugehörige Umschlaganlage für Seeschiffe bis zu 50000 dwt sollte ca. 1 km von der Fabrik entfernt am tiefen Wasser des Golfs errichtet und mit einer Förderbandstraße sowie mehreren Rohrleitungen angeschlossen werden. Einzelheiten des Anlegers zeigen die Abb. 113 bis 115.

Im Bauwerksbereich fällt der Seegrund teilweise bis 25 m unter NN ab. Er besteht aus einer etwa 10 m dicken mittelharten Korallenschicht, die von der Gründungsschicht, einem dicht gelagerten, teilweise kiesigen Sand, unterlagert wird.

Der Anleger (Abb. 113 u. 114) ist als Pierkonstruktion auf Stahlpfählen Ø 762 bzw. 914 mm mit 19 mm Wanddicke in Längen bis zu 55 m und Neigungen bis zu 2,5 : 1 gegründet. Die Pierplatte ist als gemischte Ortbeton-Fertigteil-Lösung ausgebildet. Die Zufahrtsbrücke (Abb. 115) besteht aus Stahl.

Zur Bewältigung der zum Teil schwierigen Bauausführung wurde eine leistungsfähige Hubinsel eingesetzt, die mit einem schweren Raupenkran (Tragkraft 180 t bei 6 m Ausladung), einer Rammbühne mit schwerer Ramme und einer Pfahlbohranlage ausgerüstet war. Das Bauvolumen kann durch folgende Daten charakterisiert werden:

Korallenbaggerung	ca.	7 500 m³
Stahlbeton-Pierplatte		10 000 m³
Stahlrohrpfähle		5 500 t
Stahlkonstruktionen	ca.	160 t

Die Stahlpfähle sind durch eine kathodische Schutzanlage gegen Korrosion geschützt.

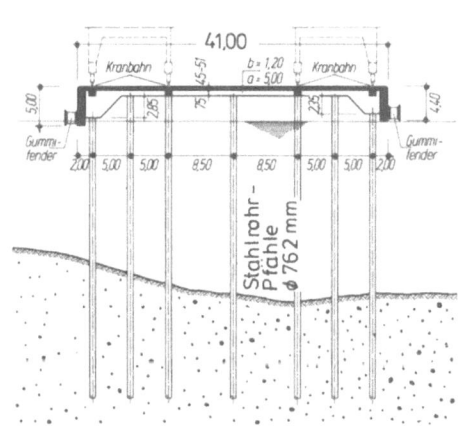

Abb. 114. Schnitt durch den Anleger

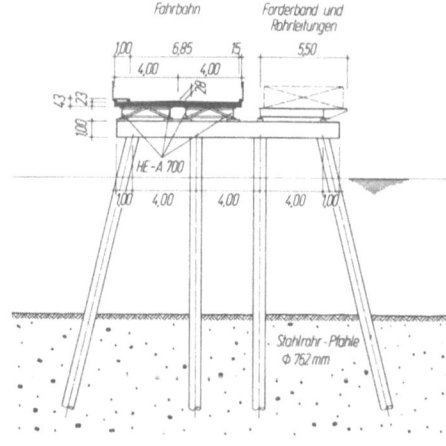

Abb. 115. Schnitt durch die Zufahrtsbrücke

2.22 Erweiterung des Hafens Limon, Costa Rica (Abb. 116)

Bauherr: Ministerio de Obras Publicas y Transportes, Republik Costa Rica

Baureife Planung und Bauaufsicht: Rhein-Ruhr-Ingenieurgesellschaft mbH, Dortmund

Bauausführende Firmen: Arbeitsgemeinschaft Ed. Züblin AG Bauunternehmung Stuttgart (federführend) und Fa. Carrez, Costa Rica

Bauzeit: 1978 bis 1981

Projektwert: 69 Mio DM (Hafenerweiterung)

Abb. 116. Lageskizze

Da der für Bananenausfuhr seit langem wichtige und bekannte Hafen Limon / Costa Rica einen rasch zunehmenden Stückgutumschlag aufzunehmen hatte und dabei einen besonderen Bedarf auch für Ro-Ro und Containerverkehr bestand, wurde im November 1977 der Auftrag für die Erweiterung des Hafens durch einen 450 m langen Kai erteilt. Dabei wurde gefordert, mit den Bauarbeiten im März 1978 zu beginnen und sie in 900 Kalendertagen abzuschließen. Dieser Ausbau (Abb. 117 u. 118) lehnt sich an den vorhandenen östlichen Wellenbrecher an, der größte Wellen aus NO von 4,80 m Höhe aufzunehmen hat und dafür zunächst mit 7–9 t schweren Natursteinen verstärkt wurde bzw. später wegen Problemen am Steinbruch mit 3,5 t schweren Dolossen.

Die neue Kaianlage kann ein 210 m langes Containerschiff der zweiten Generation gleichzeitig mit einem 15 000-dwt-Stückgutschiff oder wahlweise mit einem Ro-Ro-Schiff aufnehmen und hat eine Umschlagskapazität von mindestens 500 000 t Stückgut/Jahr.

Das Bauvolumen für die eigentliche Hafenerweiterung umfaßt folgende Massen:

Naßbaggerung im Hafen und in der Schiffahrtsrinne	350 000 m³
Korallenbaggerung	40 000 m³
Dolosse je 3,5 t zur Molensicherung	6 600 Stck
Bruchsteine 0,5–5 t zur Molensicherung	28 000 m³
Auffüllung mit Seesand und im Pfahlbereich mit Kies	550 000 m³
Betonblöcke je 20 m³ für die Kaimauer	8 400 m³
Ortbeton	7 700 m³
Bewehrungsstahl	855 t
Schleuderbetonpfähle $\varnothing$ 85 cm, i. M. l = 27 m	17 600 m

Die Gestaltung der Kaianlage wurde durch die Untergrundverhältnisse entscheidend beeinflußt. Vom Landanschluß bis auf 90 m Entfernung stand ein tragfähiges Korallenriff an, so daß dort eine Blocksteinmauer für die Hafensohle −10,0 m errichtet werden konnte (Abb. 120). Die Korallenformation endete mit einem Steilabbruch, wobei anschließend als geeignete Gründungsschicht ein tertiärer Ton erst zwischen −20,0 bis −24,0 m anstand. Darüber befand sich breiiger bis weicher Schlick, der durch eine systematische Teilausschachtung und Auffüllung, vor allem mit Kiessand, unterstützt durch Spezialsprengungen sowie durch einen vorübergehend um 7,0 m überhöhten Einbau der Hinterfüllung weitgehend unschädlich gemacht wurde (Abb. 119). Als Bauwerk wurde hier eine Pfahlrostkonstruktion in Form eines überbauten Piers mit zusätzlicher hinterer Verankerung gewählt (Abb. 119). Zur Gründung wurden vorgespannte, i. M. 27 m lange Schleuderbetonpfähle $\varnothing$ 85 cm mit 12 cm Wanddicke angewendet, die erst nach einem 95 %igen Abklingen der Setzungen der Kiesschicht unter Einfluß der 7 m-Vorbelastung gerammt wurden (Abb. 119). Als Kopfplatte wurde eine gemischte Ortbeton-Fertigteil-Konstruktion gewählt. Dabei wurden zunächst in 4,50 m Achsabstand Jochbalken aus Ortbeton hergestellt, darauf 20 cm dicke Fertigbetonplatten verlegt und eine 20 cm dicke Ortbetonschicht als oberer Abschluß aufgebracht.

Vor dem Böschungsfuß wurde auf rd. 40 m Breite ein rd. 4,0 m dicker Bodenaustausch mit einem Kiessand und Geröllgemisch ausgeführt (Abb. 119).

Die Konsolidierungssetzungen und die Verformungen der Pfähle wurden durch zahlreiche Messungen kontrolliert.

Das von Deutschland kommende, insgesamt 2500 t schwere Baugerät wurde von Bremerhaven aus mit einem großen Ponton in 33 Tagen zur Baustelle transportiert.

Der Einbau der schweren Steine für den Wellenbrecher, der Betonblöcke für die Kaimauer und die Rammarbeiten wurden mit einem amerikanischen Hoist-Bagger vorgenommen.

Die Bauausführung wurde weitgehend mit deutscher Kapitalhilfe (KfW, Frankfurt) und die vom Franzius-Institut der Universität Hannover durchgeführten technischen Voruntersuchungen und Messungen über deutsche Technische Hilfe finanziert.

Beschreibung der Hafenprojekte

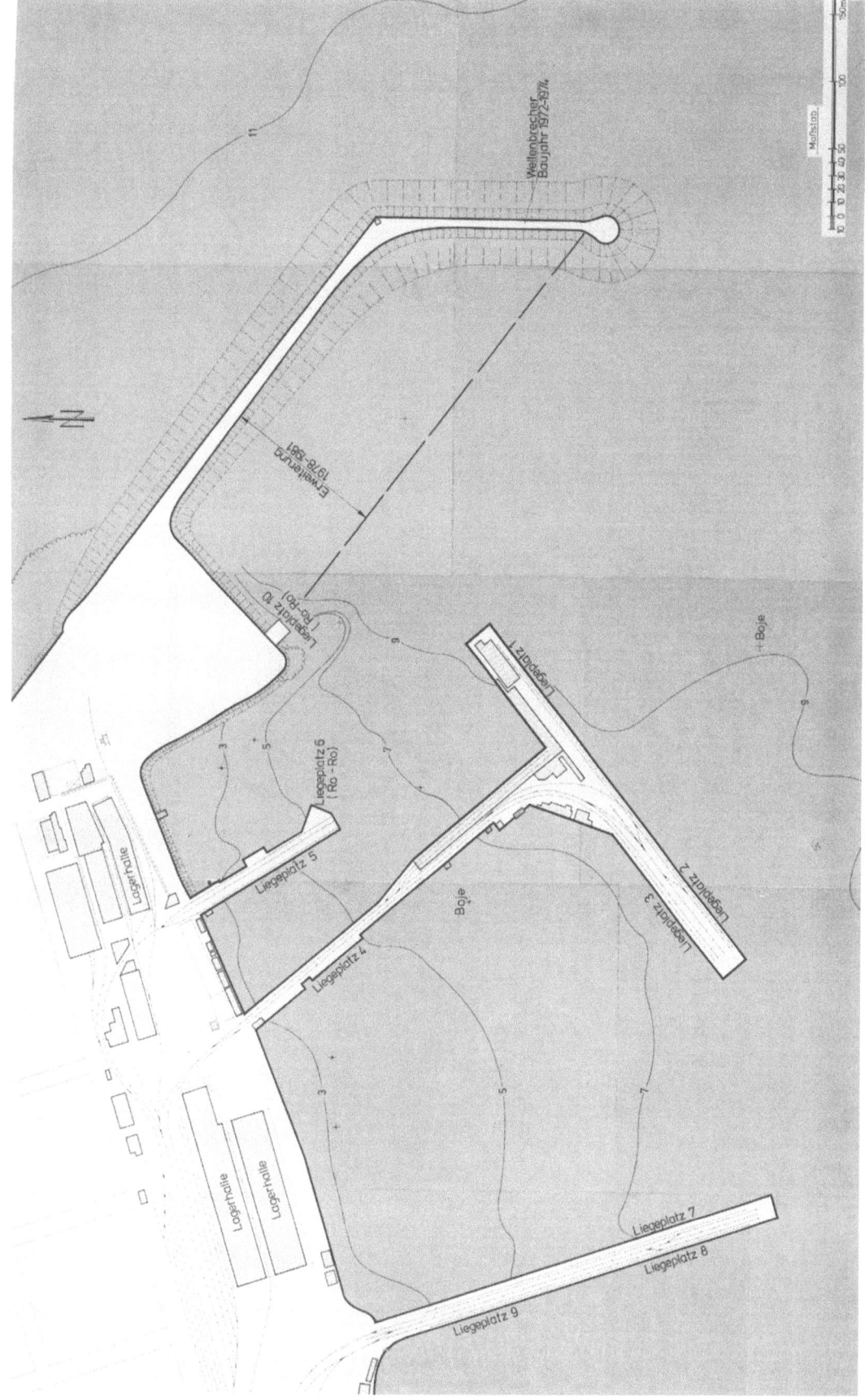

Abb. 117. Lageplan mit bestehendem Ausbauzustand des Hafens Limon vor der Erweiterung

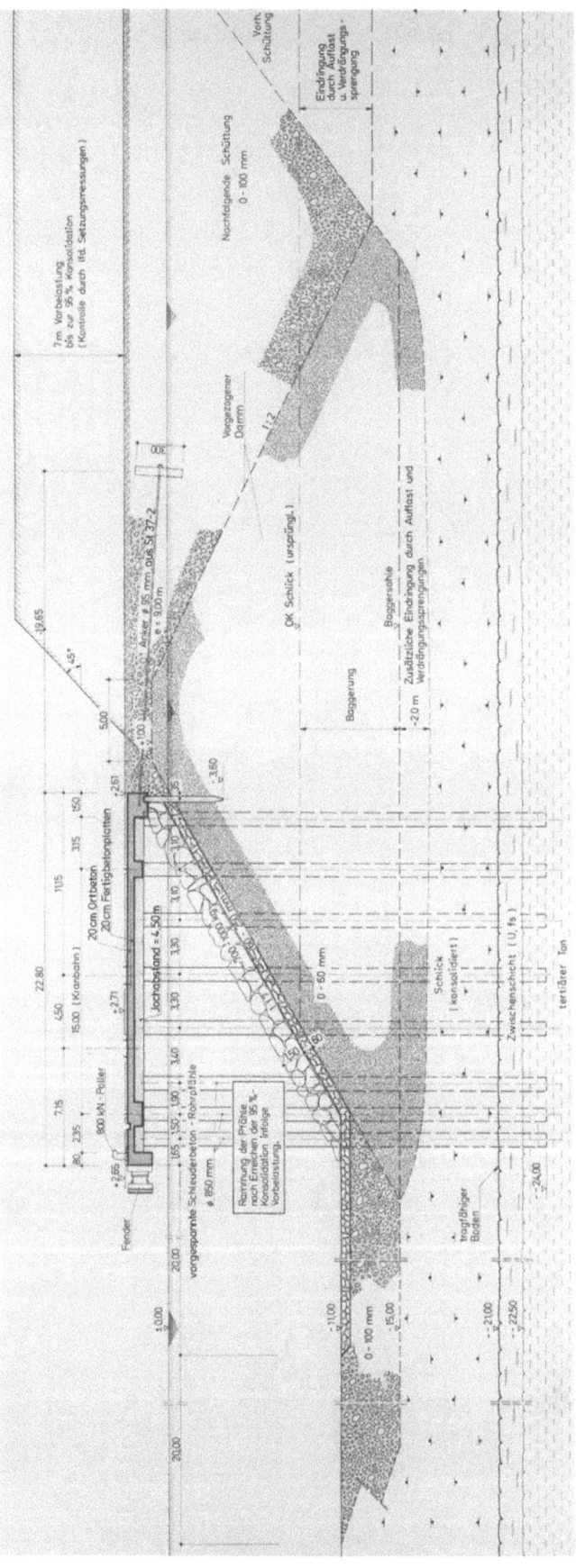

Abb. 118. Lageplan der Erweiterung

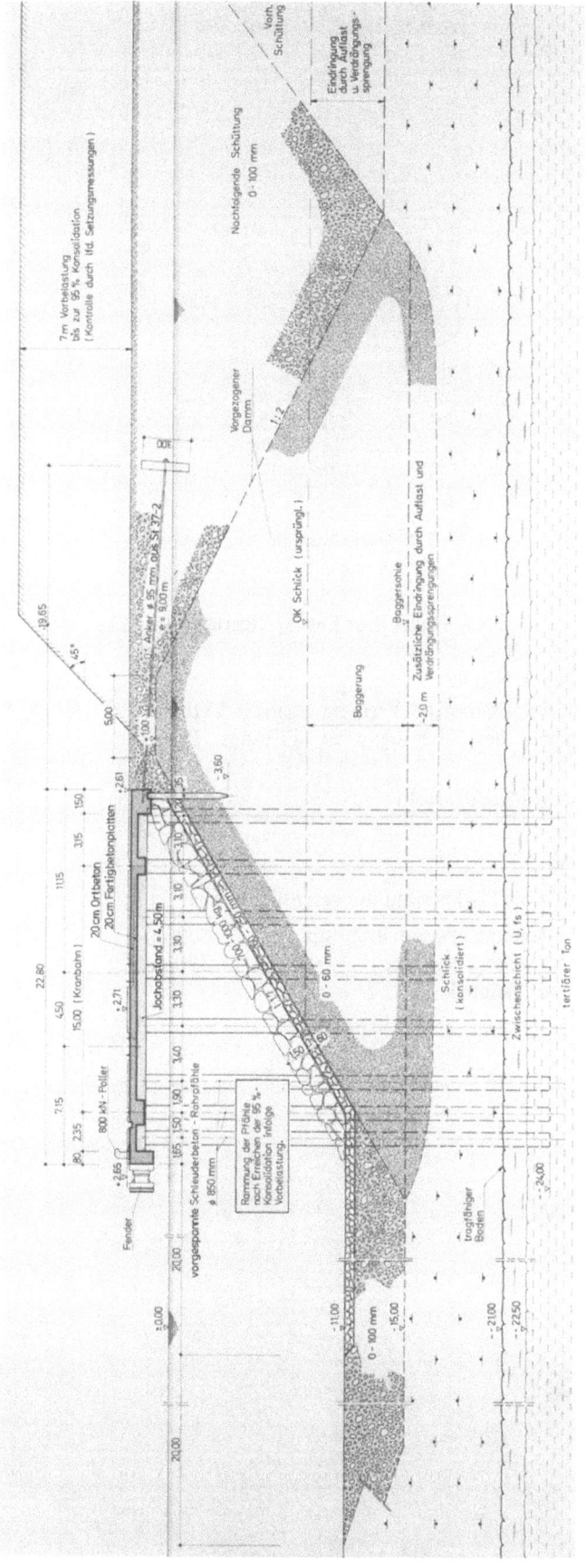

Abb. 119. Querschnitt der Pfahlrost-Kaimauer

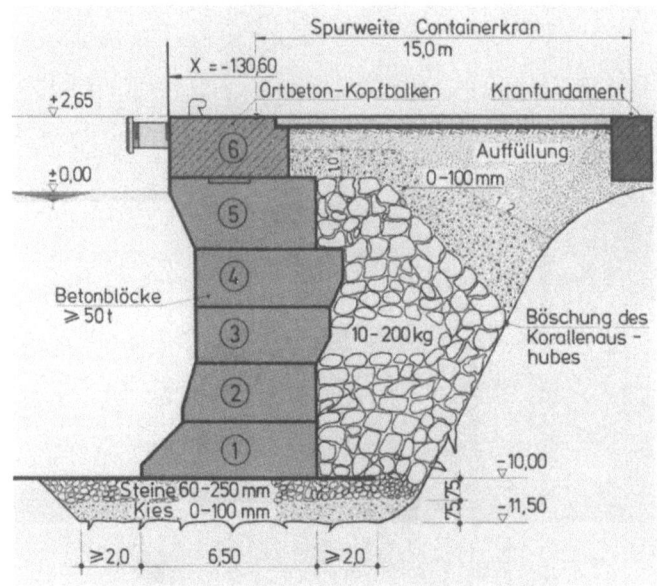

Abb. 120. Querschnitt der Blocksteinmauer

2.23 Naval Base Lagos, Nigeria (Abb. 121)

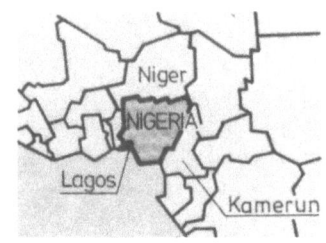

Abb. 121. Lageskizze

Bauherr: Regierung der Republik Nigeria

Beratende Ingenieure: Adejumo, Ogunsola & Partners, Lagos in Verbindung mit Société Générale des Techniques et d'Etudes, Paris (S.G.T.E.)

Bauausführende Firma: Strabag Bau-AG, Köln

Bauzeit: 1978 bis 1980

Projektwert: ca. 100 Mio DM

Das Bauvorhaben (Abb. 122 bis 124) besteht im wesentlichen aus:

3 Molen in Kreiszellenfangedammbauweise, insgesamt 678 m
Kaimauer in Spundwandbauweise, insgesamt 320 m
ein vorübergehend benutztes Baudock.

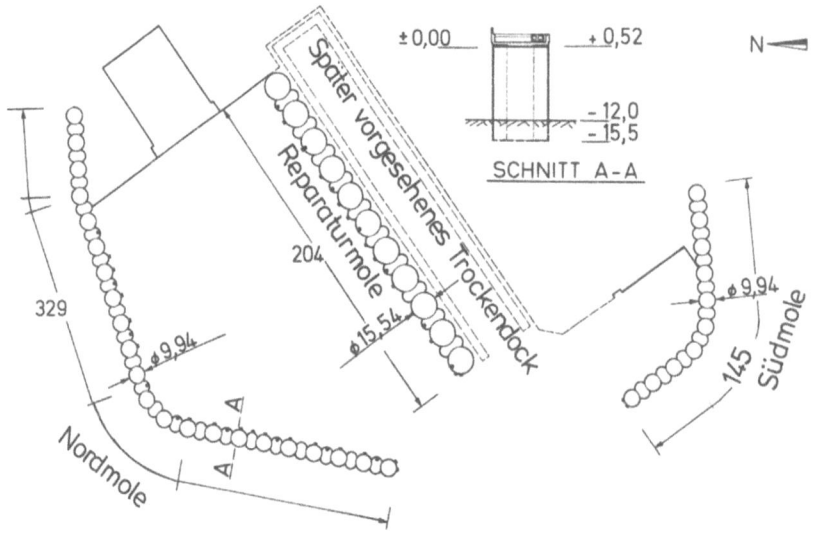

Abb. 122. Lageplan des Hafens

Abb. 123. Bauzustand der Nordmole   Abb. 124. Bauzustand der Reparaturmole

Die Kreiszellen der Nord- und der Südmole (Abb. 122 u. 123) haben einen Durchmesser von 9,94 m, die der Reparaturmole einen solchen von 15,54 m (Abb. 122 u. 124).

Die Flachbohlen der Zellenfangedämme sind bis zu 19,25 m lang, 12 mm dick und haben eine Schloßzugfestigkeit von 3000 kN/m.

Gesamtgewicht der Flachbohlen: 5200 t
Gesamtgewicht der Spundbohlen: 800 t

Die mittlere 204 m lange Reparaturmole (Abb. 124) ist mit einer Kranbahn ausgerüstet.

Jede Kreiszelle mit den anschließenden beiden Zwickelwänden wurde unter Verwendung eines Führungsgerüsts auf einem Ponton durch einen an Land stehenden Kran bohlenweise montiert, zur jeweiligen Einbaustelle gefahren und gemeinsam mit dem oberen Gerüstteil mit Hilfe eines auf einer Hubinsel stehenden Krans auf den Meeresboden abgesetzt (Abb. 125). Vor dem Einrammen der Flachbohlen auf die planmäßige Tiefe wurden die fertigen Zellen mit Hilfe eines Baggers aus einer Schute mit Sand gefüllt.

Der obere U-förmige Abschluß der Molen wurde aus Ortbeton hergestellt, wobei Fertigteile in den Zwickeln als Bodenschalung dienten. Dieser Trog nimmt die Kabel- und Rohrkanäle auf und wurde im übrigen mit Sand verfüllt. Die Ortbeton-Kranbahnbalken der Reparaturmole wurden auf Stahlrammpfählen ⌀ 800 mm gegründet.

Die Bohlen der Zellenfangedämme und der Kaimauerspundwände wurden aus einem besonderen Stahl mit Cu- und Ni-Zusatz geliefert. Sie erhielten keinen Anstrich, wurden aber mit einem kathodischen Schutz mit Opferanoden aus einer Aluminiumlegierung ausgerüstet.

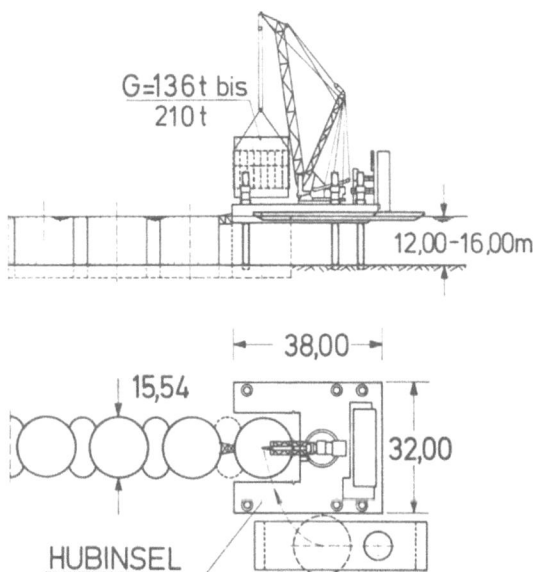

Abb. 125. Montage der vollständigen Fangedammzellen mit einer Hubinsel

3 Schlußbemerkungen

Die behandelten Projekte beweisen überzeugend, daß die deutsche Bauindustrie auch im letzten Dezenium auf dem Gebiet des Hafenbaus im Ausland außerordentlich erfolgreich war. Dies gilt nicht allein für die Bauausführung, sondern zum Teil auch hinsichtlich der Planung, statisch-konstruktiven Bearbeitung sowie der Finanzierung und Projektsteuerung. Dabei wurde nicht nur ein aufopferungsvoller, technisch einwandfreier und seriöser Einsatz aller deutschen Mitarbeiter, vom Facharbeiter bis hinauf zum Oberbauleiter bzw. Auslands-Niederlassungsleiter, sondern auch daheim in den Auslandsabteilungen bis hinauf in die höchsten Firmenspitzen unter Beweis gestellt, einschließlich echtem Unternehmertum mit einem gesunden Gespür für das Mögliche und Vertretbare. Die deutsche Bauindustrie genießt daher bei den ausländischen Auftraggebern großes Vertrauen und Ansehen, was sich auch in einer besonders guten Zusammenarbeit mit den Bauherren, den Finanzierungsorganisationen sowie den jeweiligen Verwaltungen im Ausland auswirkt.

Ihre großen Erfolge konnte die deutsche Bauindustrie letztlich aber nur erzielen, weil es ihren Mitarbeitern immer wieder gelungen ist, auch die ausländischen Arbeitskräfte für die jeweiligen Aufgaben zu motivieren und sie dadurch für eine faire erfolgreiche Mitarbeit zu gewinnen.

If you have any concerns about our products,
you can contact us on
ProductSafety@springernature.com

In case Publisher is established outside the EU,
the EU authorized representative is:
**Springer Nature Customer Service Center GmbH
Europaplatz 3, 69115 Heidelberg, Germany**

Printed by Libri Plureos GmbH
in Hamburg, Germany